U0381886

本书的出版得到“吉林大学哲学社会学院一流学科建设”项目资助

吉林大学哲学社会学院一流学科建设丛书

中国农村生活垃圾治理路径探寻

EXPLORING THE WAY OF RURAL DOMESTIC WASTE TREATMENT IN CHINA

李全鹏 著

中国社会科学出版社

图书在版编目（CIP）数据

中国农村生活垃圾治理路径探寻／李全鹏著．—北京：中国社会科学出版社，2022.9

（吉林大学哲学社会学院一流学科建设丛书）

ISBN 978－7－5227－0746－4

Ⅰ.①中…　Ⅱ.①李…　Ⅲ.①农村—生活废物—垃圾处理—研究—中国　Ⅳ.①X799.305

中国版本图书馆 CIP 数据核字(2022)第 142601 号

出 版 人　赵剑英
责任编辑　朱华彬
责任校对　谢　静
责任印制　张雪娇

出　　版　中国社会科学出版社
社　　址　北京鼓楼西大街甲 158 号
邮　　编　100720
网　　址　http://www.csspw.cn
发 行 部　010－84083685
门 市 部　010－84029450
经　　销　新华书店及其他书店

印　　刷　北京明恒达印务有限公司
装　　订　廊坊市广阳区广增装订厂
版　　次　2022 年 9 月第 1 版
印　　次　2022 年 9 月第 1 次印刷

开　　本　710×1000　1/16
印　　张　15
插　　页　2
字　　数　223 千字
定　　价　98.00 元

目　　录

第二部分　中国农村垃圾问题的实然与公共治理路径的探寻

第一章 引言

一 研究背景

古时候垃圾被称为“尘芥”，按照当时数量级单位，“尘”为一百亿分之一，“芥”为一千亿分之一，仅从字义来看还远不构成一个问题。而在高飞猛进的现代化进程中，人类活动骤然改变了自然环境，垃圾的激增带来了前所未有的挑战。那么该如何衡量现代文明的高度？是遨游宇宙的飞行器，还是鳞次栉比的摩天大楼，抑或是富足便捷的消费生活？多面向的现代文明使得我们难以给出一个标准答案，但如何回答取决于每个人对当下及未来的价值判断。因为，如木桶定律一样，短板才是其高度的判断标准。同时，我们也不能取之于平均数，因为从平均值进行判断之人，已自动舍弃了对作为“短板”的弱势群体与边缘地区的关切。垃圾问题也是如此，作为现代文明的副产品虽然像梦魇一般纠缠于我们生活的方方面面，却是那块不被关注的短板，尤其是在社会二元结构下处于相对弱势的中国农村，其垃圾问题已显现出积重难返的迹象。生活垃圾的治理不只是一个经济上或技术上的问题，而更是一个社会性的，甚至是全体社会成员如何看待、如何应对这一短板的课题。长板的增加，并不值得好自矜夸，因为只需运用权力集中资源即可达成。但一个社会如果不是把所有力量都用于经济层面，而是连现代文明的负资产都能够尽最大责任加以应对，抬高底线，加长短板，那必然不会忽视其他问题，其社会治理也必然能够良性运行。可以说，垃圾治理的良莠直接反映的是一个社会的治理水平，乃至判断一个社会是否为良善社会的试金石。因为，垃圾问题不仅对自然环境、人类的生活环境和人体健康产生一系列的不良影响，这些影响也会因结构性因素导致环境权益的失衡。

垃圾问题的严重程度实际上远超我们的想象。如果以重量计算，到2050年海洋里的塑料垃圾将超过鱼类（World Economic Forum，2016）。而纽约大学的一项研究结果表明，婴儿大便中微塑料（MPs）含量可达成年人的20倍之多。[①] 这一直径小于5毫米的塑料垃圾早已遍布全球，从北极到喜马拉雅高山，从远洋生物体再到人体。这表明无孔不入的垃圾已充斥着我们的生存环境，也包括我们的体内环境。其现代性困境就在于此——明明知道其危害，却身陷其中难以摆脱。与传统社会人们过着刀耕火种的生活，将自己视为自然的一部分不同，现代人类掌握了科学这一武器，以前所未有的方式与速度改造着自然界，生活在一种“人化环境”中，享受着工业文明的成果（吉登斯/Giddens，2000a）。而工业文明的背后是理性主义、科学主义、进步主义的大合唱，所衍生的现代性是与传统时代彻底的决裂与反叛，而非过往的线性延续。其影响力的深度与广度可以说达到了重估一切过往价值的程度，涉及社会世界所有层面的大变革：人类历史长河的迷魅已被理性的光芒所驱散；社会关系的基础从身份性转为契约性；大规模职业转变带来的城乡变动；承担大部分教育职能的家庭、地域社会让路给了学校体系；作为想象共同体的民族国家打碎了地域共同体的边界；传统时代中弥散的暴力已由现代国家所独占，即便是针对婚姻的想象——“一男一女”通过“法定程序”“结婚生子”的这些要素也一一被现实改写，等等。在这些一系列的大变革中固然有诸多可取的面向，但人类借助科技的威力征服自然、改造自然，踏足了地球上所有区域，而过度的人化环境已使整个生态体系脆弱不堪。正如在人类历史中曾消失的复活岛文明、玛雅人文明、格陵兰岛上挪威殖民

---

① 《中国日报》:《婴儿大便中微塑料含量是成年人的20倍》，网易新闻，2021年9月24日，https：//www.163.com/dy/article/GKKL0N2Q0539AP40.html，2021年10月1日。

者的文明，之所以会突然土崩瓦解，就在于过度的森林砍伐所导致的水土流失，最终引发了食品短缺的危机和政治及社会的崩溃（Diamond，2005）。可以说，过度的人化环境是文明崩溃的根源，现代性的深处就是人类文明的危机。

即便如此，我们很难对此进行反思和反省，并采取行动。因为，改变人化环境实际上就是对人类自身的制度、社会结构与文化进行宣战。其中最大的挑战不在于因资源的枯竭人类还能创造多少的物品，而是物品已驯化了现代人类。工业文明的成果使富足的人们不再像以往被人所包围，而是被物品所包围，我们正处于消费控制着整个生活的境地（鲍德里亚/Baudrillard，2014）。在传统时代人们为了维持当下的生活而工作，现代社会则是为了提高生活水平、扩大消费而工作。而支撑现代人类生活的能源、交通、农业、服装业、食品零售业都位列高污染产业的前五位（EcoJungle，2021），也意味着我们普通人的衣食住行皆成为环境恶化的主要源头。

如今，伴随着多年的经济高速增长，再加上近年来大举推进的以内需为主导的经济发展模式，中国的大众消费社会已逐渐形成。大众的特质，如同奥特嘉（Ortega，1994）所指出的那样，是他律的，而非自律的，理所当然地享受着现代文明的物质恩惠，却对整体社会的未来欠缺责任感。近年所谓“双十一”的消费狂欢恰恰印证了大众消费社会的弊端。盲目的消费即使是有助于推动经济增长，但其背后却隐藏着对资源和能源的掠夺性开采，生产过程的污染排放，及消费过后的大量废弃。在地球资源和空间有限的情况下这种大量生产、大量消费、大量废弃的模式不可能长久持续下去。其中最显而易见的是，与我们每个人的生活都息息相关的现代文明之病——生活垃圾的无节制增多。垃圾的激增无疑是人类为追求更快捷、更富裕生活的后果。在中国这种被认为是现代化的消费生活模式已从城市快速渗透到广袤的、拥有庞大人口基数的农村地区。当农民完全被纳入大众消费社会之时，不可持续的社会模式就不可能逆转，也是现代文明崩溃的起点。

随着农村垃圾问题的日益凸显，相关政策也在不断出台，如关注三农问题的中央一号文件，自 2004 年起已连续多年提及农村环境治理。但除了一些被纳入新农村建设的村落外，绝大部分的农村环境治理，尤其是垃圾问题并未有根本性的转变。当然，我们也不能以“新旧农村”的平均值作为参考系，来对农村垃圾问题充满无限的乐观期待。因为，新农村运动需要投入大量的行政力量来调配社会资源才能得以成形，而垃圾是一个源于个人日常生活，日积月累的叠加后衍生出公共领域的问题，进而又影响到自然环境的现代性难题。从本书所梳理的美国、德国、日本的垃圾对策史来看，还没有任何一个国家的垃圾对策能够一蹴而就，也没有任何一个国家的政府能够在垃圾治理中唱独角戏。所以，对于横跨人类社会与自然环境的生活垃圾问题，需要我们每一个人都要为此承担责任，付出相应的成本推动污染循环型社会转变为资源循环型社会。这意味着生活垃圾，乃至环境问题的治理，与其说是一个技术课题，不如说是一个社会系统的课题，包括各级行政单位、企业、社会组织、社区（村落）、社会成员在内的污染防止社会体系——提高成员的环境素养，并在日常生活中践行 4R① 的原则与理念。盖因在垃圾危机中，我们既是加害者，也是受害者，也理应成为治理的主体。

垃圾问题作为一个日常性的课题，现有对策还不足以维持村民参与治理的常态化。绝大多数农村地区的垃圾处理依然处于粗放型治理的状态，以致被忽视、推迟，解决难度不断加大。2007 年全国 655 个城市的生活垃圾总量就已超过 1.25 亿吨，这样的数字还

① 4R 是指可持续社会与资源循环型的基本生活模式。从最初的 3R——Reduce（减少垃圾的产生）、Reuse（物品的反复使用）、Recycle（资源的循环再利用）的基础上，加入了 Refuse（拒绝过度消费、不购买过度包装的产品），从而变成 4R。此外，随着在环境先进国家的实践深入，相继加入了 Repair（修理、修缮），Return（废旧物品返还给商家）、Recover（为防止垃圾的流出而参加的清扫活动）、Reform（旧物品的重新制作）、Rental（不需购买的租借方式）、Refine（为便于回收再利用将垃圾彻底分类）、Reconverttoenergy（对无论如何也不能回收再利用的物品进行焚烧，转化为热能）。

在以每年 8%—10% 的速度增长[①]，至 2014 年达 1.57 亿吨[②]，2019 年已超过 2 亿吨[③]。而历年来堆积的垃圾已达 60 亿吨，占用耕地 5 亿平方米，并对周边产生严重的环境污染，至今全国城市已有三分之二被垃圾包围[④]。在农村地区，随着农民生活水平的提升，其生活环境也随之发生巨变，其一便是生活垃圾急剧增加。至 2007 年为止垃圾已致使 1.3 万公顷农田不能耕种，3 亿农民的水源被污染[⑤]，其总量已由 2010 年的 42.78 亿吨快速升至 2017 年的 50.09 亿吨[⑥]。这七年内年均新增一亿吨的垃圾尤为需要关注，因为众多农村地区，针对生活垃圾的处理仍沿用着简单原始的处理方式，简单填埋、露天焚烧、随意倾倒。而垃圾收集设施仅仅是资源循环型社会中的一个基点，如果连这个都不充分的话，可想而知其治理状态的良莠。垃圾问题本不应该延宕至今，至少在经济上、技术上可以对应散乱于农村地区的生活垃圾。因为在城市和环境治理良好的国家，虽然无法从根本上找到问题解决的出路，但是在相对完善的处理体系下，通过定点定时的投弃，居民生活与垃圾能够相对地隔离开来。而在中国农村的大部分地区，生活垃圾在村民生活环境中积累、存续，村民要在生活中与之共处。垃圾围城往往会成为舆论热点，但大量废弃的生活垃圾无序散乱于村庄内外，垃圾围村，甚

---

① 《南方周末》：《中国城市面临垃圾危机垃圾总量增速与 GDP 比肩》，凤凰资讯网，2009 年 4 月 16 日，https://news.ifeng.com/mainland/200904/0416_17_1110589.shtml，2020 年 8 月 16 日。

② 中华人民共和国环境保护部：《2014 年全国大、中城市固体废物污染环境防治年报》，中华人民共和国生态环境部网站，2014 年 12 月，http://www.mee.gov.cn/hjzl/sthjzk/gtfwwrfz/，2020 年 8 月 16 日。

③ 中华人民共和国环境保护部：《2019 年全国大、中城市固体废物污染环境防治年报》，中华人民共和国生态环境部网站，2019 年 12 月，http://www.mee.gov.cn/hjzl/sthjzk/gtfwwrfz/，2020 年 8 月 16 日。

④ 中国报告网：《垃圾处理行业前景广阔，堆存量已达 60 亿吨》，搜狐网，2020 年 2 月 25 日，https://www.sohu.com/a/375643270_660993，2020 年 8 月 16 日。

⑤ 新华网：《保总局副局长：农村 3 亿多人面临饮水不安全》，凤凰网，2007 年 06 月 7 日，https://news.ifeng.com/c/7fYLpgqmY6W，2020 年 8 月 16 日。

⑥ 前瞻经济学人：《2018 年农村垃圾处理行业发展现状与市场前景分析：国外先进经验为我国"指路"》，北极星固废网，2019 年 1 月 31 日，http://huanbao.bjx.com.cn/news/20190131/960738.shtml，2020 年 8 月 16 日。

至村民在自己的生活环境中与之“共生共存”的后果，就需要我们给予更多的关注、付出更大的力气才能使其有所改善。

二　问题的所在

对于垃圾问题的治理存在着一种惯性的迷思，认为只要是政府重视，加大投资力度，问题自然会迎刃而解。此类认知本身就是问题解决的障碍。尤其是近年来，随着环境问题的突出，上级部门往往对下级单位下一道死命令，却往往事倍功半。诚然，在中国的语境下，政府掌握着巨大的公共资源，其角色也不可或缺，但这并不意味着政府的功能就是十全的，在社会问题的解决上可以独当一面。此前各级部门多番出台的农村环境整治政策，也未如预期那样发挥效力，即已印证了这一点。因为产生于村民个体生活的垃圾，源源不断地汇集起来形成的社会问题，而公权力对个体生活的介入却有着先天的局限性，也无法应对规则之下常人方法的灵活性。同时，在广袤的、有着庞大人口基数的农村地区，需要村民个体在内的多方协作以汇成合力来共用应对。农村生活垃圾的大量产生及处理似乎只是环境技术问题的范畴，但其解决的延宕却又折射出深刻的社会特性。正如日本垃圾处理专家寄本胜美（1990）所说，垃圾问题的危机不仅仅是垃圾的大量化、恶劣化，而是因为我们对策的落后，使得环境污染和垃圾处理场匮乏的问题越发严重，最终被垃圾埋没和吞噬，与垃圾的斗争，实际上是与我们自己的斗争，这才是垃圾问题的实质。

对于中国农民而言，农村垃圾问题治理的滞后实则是他们在还未享受现代化的便利与富足之时，就不得不面对如何才能跨越垃圾这一现代性困境的挑战。因此，其问题的复杂性已远远超出经济的或技术的层面，也导致迄今多番自上而下的政策无法获得相应的效果。因为政策的制定与实施不能忽视规范也是可以自下而上，在日常交往互动中得以建构的机制（Garfinkel，1967；2002）——村民对现代性毫无防备的拥抱，村落环境的恶化中共同形成了有害于自身环境的垃圾处理方式。这些基于可预期的，但往往被忽视的非明文化的规范，蕴含在日常生活的自发行为，构建了人们对现实世界的共同理解。因此，我们应该像关注重大事件一样关注平凡的日常活动（Garfinkel，1967）。

迄今，对于农村垃圾问题的分析已积累了多个学科的研究成果。整体而言存在两大缺憾：第一，从城乡二元结构的角度，对问题衍生背景的分析的确中肯，但如上述所言，忽视了问题恶化中村民个体的环境行动如何加固了该结构的生命力；第二，对于问题的解决充斥着“应然论”，即倡导加强环境教育来提高村民的环境意识与环境治理的参与度，却忽视了现有的教育体系是否能为村民提供切实可行的学习渠道以获得新知识、新信息，甚至解决问题的方案。实际上，强制手段已不合时宜，教条式的宣传教育也无法发挥效力。这两大缺憾，无论是前者，还是后者都忽视了“实然”的层面——到底发生了什么。即农村垃圾问题如何演化成今天这般程度，垃圾问题对农村、对农民到底产生了哪些冲击？社会结构与个体之间的互构如何加固了城乡环境权益的失衡？对此，唯有从实然层面，将这些问题厘清，才能促动村民切实地认识到问题的危害，进而加入治理行动中，并主动获取新的知识、新的信息。

相对于应然论，真实的现状则更令人震惊。在田野调查过程中发现在北部D县农村地区，村民普遍采取燃烧塑料袋的方式来生火做饭，甚至在堆有垃圾的、被污染的水塘中洗涤餐具——这幅图景凝缩了当今农村地区生活环境的现状，村民不得不与垃圾共生共存。对此，如果仅以应然层面的素质论来批判人们的环境意识不高或环境行动的不配合，却对实然的现实情况不屑一顾——他们为何会如此这一问题探讨的缺失，实质是忽视了隐藏于个人背后的社会结构及结构与个体之间的互动，也显示出缺乏只有通过社会系统的革新才能解决生活垃圾问题的基本理解。社会学家米尔斯（Mills，2016）在《社会学的想象力》中曾指出，在思考个体的日常经验的时候，应意识到自己所处的社会结构，敏锐地捕捉到“个人烦恼”与“公共议题”是联结在一起的现实。因为，无论我们的人生经验有多么大的个体性，其中许多经验都可以看成是社会力量的产物。

同时，在探讨如何解决农村垃圾等环境问题的研究中，大多研究往往会附带地提及教育的重要性，但多为泛泛地强调宣传教育，或期待村民自主的内发的环境行为。这是因为没有对“教育”这一课题进行深刻的检讨与反思。现代教育往往反映的是一种权力关系，而强制性的上意下达的行政命令已不适用于今日的中国社会。对于村民来说，并不只需要政策性的文件纲领，而是关乎切身利益的信息提供与对应方法。农村的垃圾问题历史积累已然成疾，那么村民的生活必定会随之变化，即生活垃圾对村民生活的形塑。而他们的生活是多层面的，包括身体健康、劳作、家庭生活的个人生活，也包括本应该携手应对垃圾问题的邻里关系与村落治理的社会生活。日本环境社会学者饭岛伸子（1993）曾针对环境公害提出了“被害结构论”，是指在日本公害问题丛生时期，排污工厂（加害者）对周围居民（被害者）生活的各个层面所造成的恶性影响。此理论范式当然不能完全移植到中国农村垃圾问题上。因为，垃圾问题的加害与被害的界限模糊，村民往往同时具有这两种属性。但这也是农民认识问题、解决问题的切入点，将垃圾问题对自身生活的各个层面所产生的冲击清晰化后，意识与行为才有可能重新建构。非但如此，加害行为不会有所遏制，问题的关心、思考与解决也无从谈起。这一点可作为内发性学习的动力，在此基础上，建构村民终身教育的学习型村落才能有效地应对大众消费社会所带来的种种挑战。长久以来，普通村民被排斥在现代教育体系之外，而村民的终身学习不只是有益于环境问题的缓解，也是村落振兴的关键所在。因为，当教育成为终身持续不断的过程，学习者即便在一定年龄或一定阶段上失败了，他还会有别的机会，他再也不会终身被驱逐到失败的深渊中去了（联合国教科文组织，1996）。

综上所述，本研究将着眼点放在村民的日常生活来厘清垃圾问题的多重结构，借对农村垃圾问题的社会特性的解析，来梳理环境变化对村民生活的各个层面究竟产生了哪些冲击。同时，探讨与之相关的村民、基层政府、制度、环境教育、自然环境等多层面的相互作用，厘清问题的所在，依此才能为资源循环型社会的构建制定行之有效的对策路径。中国农村垃圾问题的治理，只有让各方主体，尤其是村民充分认识到实然——对自己的生活、健康及未来的人生规划造成了影响，才能做出相应的自我变革。为支援村民的自我变革，本研究将问题解决的落脚点放在了以村民为中心的学习型村落的建构之上，因为无论是改善垃圾的散乱和处理的无序化，还是建立起垃圾分类和回收再利用的体系，村民只有通过终身学习，才能提高自身的环境素养，以应对日常生活中层出不穷的垃圾问题。在进入该主题之前，本研究首先梳理欧美和日本的垃圾治理简史，其一，从中可以管窥发达国家在现代化进程中垃圾治理的困境，其二，可以展示出唯有通过整体性的社会系统变革，建构资源循环型社会才能使垃圾问题有所缓解的路径。对于正处在现代化进程中、转型过程中的中国，对于现代化所带来的弊端并未有足够的警惕。尤其是在调研过程中，对于现代化及城镇化的进展能够自然而然地消解垃圾问题的认知，普遍存在于村民与基层干部当中。因此，对所谓发达国家的垃圾治理史的呈现，就可以发挥他山之石的功效。

三　研究框架

如上所述，既然垃圾问题是一个普遍的、现代性课题，那么除了中国以外，在所谓环境先进国家的治理垃圾过程中也必定存在着相应的历史经验与教训。为此，本书除了探讨中国城乡垃圾治理的差异之外，采用了多重比较研究方法来呈现垃圾问题的现代性特质。比较研究并非简单的罗列，其本身不是目的，而是为了析出问题特质的一个途径。以时间为轴的纵向比较，厘清问题及对策的生成与演变，而以空间为轴的地区间、国家间比较可以让我们更透彻地理解垃圾问题作为一个现代性弊端，需要全人类为此付出相应的成本才能修正既有的现代化路线。空间轴的比较中，本研究梳理了中国的城市和农村的垃圾治理对策，以凸显现行垃圾治理对策仍然囿于城乡二元体制结构，着重反映了大中城市的环境保护需要，而导致了农村垃圾治理的延宕。而梳理欧美和日本的垃圾治理史以形成差异，其作为参考系的价值可为我们明确未来的路径。诚如政治学家和社会学家李普塞特（Seymour MrtinLipset）所说，只懂得一个国家的人，他实际上什么国家都不懂（A person who knows only one country knows no countries）[①] ——这正是比较研究的奥义所在。

基于上述宗旨，除本章《引言》以外，本书分为两大部分共九章来探讨垃圾问题的现代性困境与中国农村垃圾问题的实然及公共治理路径。

第一部分为“垃圾问题的现代性困境与国外治理经验”。其中，第二章“现代文明中的垃圾问题”在理论层面上探讨了环境问题与垃圾问题的现代性困境，以表明对其治理的目标实际上是对现代性的超越。为更清晰地呈现其作为一个现代性困境的特质，在第三章与第四章分别梳理了高度消费社会的美欧和日本的垃圾问题的现状与治理对策，基于此可以清晰地掌握所谓环境先进国家的垃圾对策的走向，也可以看出垃圾作为现代性的难题，还未有任何一个国家能够独善其身，对策实施的过程无不充斥着迂回曲折。

第二部分为“中国农村垃圾问题的实然与公共治理路径的探寻”。这一部分除了第五章基于文献资料的比较探讨之外，其余各章皆以实证研究为主。其中所撷取的实证资料主要来自J省与H省的农村地区，当地的农民皆以农作业为主，辅以零散的养殖业与外出务工来维持生计。在时间跨度上，从2014年开始的预备调查，到2019年的补充调查，其间调研组经过几轮论证，遴选出具有代表性的调研地后，分组对当地的县级政府行政人员、乡镇干部、村干部，以及普通村民等多个社会主体，进行田野调查，包括访谈、参与观察及非参与式观察等方法，以探究垃圾问题与村民生活世界的相互作用，理解垃圾问题背景下各个社会主体之间的社会互动，以及垃圾问题为何在农村地区久治不愈的结构性因素。同时，基于

---

① Francis Fukuyama，“Seymour Martin Lipset 1922 – 2006”，*The American Interest*，January 8，2007，https：//www.the-american-interest.com/2007/01/08/seymour-martin-lipset – 1922 – 2006/.

当事人的视角来了解各调研地自然生态的变迁，相应地可以看出他们的环境素养是否也在与时俱进，在此基础上为构建农村学习型村落提出可行性方案。这一部分的各章主旨如下。

第五章“中国生活垃圾问题的现状与对策——基于城乡政策性区隔的比较探讨”，基于国内城乡差异的比较，探讨了农村垃圾问题这一课题在中国能够成立的结构性因素，通过城市与农村垃圾问题的现状与治理政策的梳理，除了可以了解中国与其他国家同样要面对这一现代性困境之外，其最大特点的城乡差异——即便是垃圾治理政策的制定上，城乡二元体制依然发挥着强大的区隔作用。如国家层面的动员政策中，针对城市垃圾问题有具体的资金保障、处理设施的建造、处理量的目标，以及法规等层面均有部署，而针对农村垃圾问题则停留于应然层面。因此，政策的逐一梳理有助于我们理解垃圾治理的制度架构，也易于理解中外差异的所在。城乡之间的比较也同样显示出，即便是城市的垃圾问题，在连年的激增下已接近处理的临界点，更加凸显了资源循环型社会构筑的必要性，而不单单是居民的垃圾分类，同时要在制度、行政体系、企业、社区乃至个人层面上均需做出全面的系统性革新。城乡比较也让一直处于滞后地步的农村垃圾治理显得更为迫在眉睫，从梳理的政策中可以看到，其治理的滞后性实际上在中国是处于“非违法”的状态，盖因在法律框架内，对农村垃圾治理的规定只停留于县级单位。

第六章“社会变迁视角下农村生活垃圾问题的生成”，基于实证研究呈现了农村垃圾问题日益复杂化的社会背景，以及村民对环境变化的认知，并解读了伴随着村落社会变迁，村民的传统惯习与现代社会的冲突，以及村落行政权威的弱化所导致的垃圾治理困境。在第七章“农村生活垃圾问题的多重结构——基于环境社会学两大范式的解析”中，依据环境社会学的“人与环境的关系”这一范式，描绘了村民生活世界中生活垃圾对村落自然生态产生危害的同时，村民的农业种植、身心健康及人生规划等生活的多个层面也在承受着负面影响。其次，在“环境问题背景下人与人的关系”这一范式下，垃圾的日常性带来了村落社会关系恶化的普遍性——邻里关系的纠葛、村民与基层干部的相互推诿与信赖的缺失，导致村民退居到个人家庭来回避公共事务参与，加速了村落共同体的碎片化。而由此加重的生活垃圾问题再次反向加速了村民的原子化进程，这对于其治理而言，便构成了一种“个体化趋势→垃圾问题恶化→个体化趋势再次增强”的恶性循环。有别于西方语境下的个体化概念，村民们的态度实则蕴含一种“古典个人主义的发育不充分”，追求个人生活权益的同时，却并未具备个体化进程中公民所需要的责任与自立。

同时，我们不得不追问的是，为何一个不洁净的、让人厌烦的垃圾能够长期地、不断地在村民生活环境中存续，甚至构成了村民与垃圾共生共存的村落图景。通过第八章“农村生活垃圾问题存续的合理化困境——社会结构与常人方法的互构机制”所展示的调查结果与分析考察可以得知，在缺乏嵌入性的治理政策下，常人方法的灵活性使问题的存续成为一种合理化的建构。在所调研的县域内，县镇村内部存在着“差序格局式”的垃圾处理体系，管理部门所在地由近及远，问题严重性逐次加大。处于边缘地带的基层单位与村民并未内化明文规则，而是通过“烧、埋、扔、冲”，来突破环境权益的不平等结构。这些看似蛮力的方式，却体现了规则之下常人方法的理性与策略性的思考，以此所形成的共识，造成问题存续的合理化困境。化解困境唯有将社会结构的作用力，及那些理所当然的常人方法呈现出来，加以质疑与解构才有可能使政策更具嵌入性的效力。

那么，该如何促动村民成为垃圾治理的主体？这首先需要村民提高自身的环境素养，成为新知识、新信息的学习者，为此本研究对村民环境学习的渠道等现状进行了调查。第九章“学习型村落的建构路径——基于农民环境学习现状的考察”的调研发现，长久以来农村村民被排除在教育体系之外，村落学习生态无法支撑村民的环境学习，导致村民对于自身所处的境况以及改变的方法渠道皆处于模棱两可的状态。对此，需要村落与外界多方力量连接起来，将村落建设为兼具环境学习与保障村民终身教育的学习型村落。同时，我们也必须指出的是，农村垃圾问题的恶化，实际上也是中国村落颓势的表征之一。这就需要为被置于边缘地带的普通村民的终身教育和被剥落的乡土知识重新赋权，进而重构被学校教育所垄断的乡村教育空间。

最后一章“中国农村垃圾问题的公共治理路径”，首先总结了德国和日本的治理经验，即对弱者的政策倾斜；细致化的垃圾对策才更具生活嵌入性；以生活成本的提高来换取高质量的发展。从日本“垃圾战争”来看，围绕生活垃圾的纷争非但没有引起日本社会的动荡，反而在这个过程中，人们逐渐认识到自己的责任与将责任转嫁于他人这一方法的不可行与非正义性。让人们认识到这不仅是政府的、公共的问题，更是自己的问题。从其迂回曲折的治理路途来看，垃圾问题对于任何国家来说都是一次跨越现代性困境的挑战，是通过国家制度、各级政府、企业、社会组织、社区、市民等各方角色的系统性变革以汇成合力才能加以对应，而垃圾分类仅仅是治理链条中的一环。虽然，所谓环境先进国家的德日的资源循环型社会还并未完全成熟，依然在探索的途中，但其治理经验，尤其是日本的小山村上胜町“零垃圾运动”体现了垃圾治理的终点到底在哪里的路径。从比较的视角我们也可以窥探出，中国垃圾问题，尤其是农村生活垃圾问题的恶化，并非经济上或技术上的欠缺，而是一个具有社会性的问题——社区或村落的活力、社会组织的活跃度、市民的责任担当乃至是社会整体对垃圾问题这一现代性困境的价值取向的问题。因此，垃圾问题既是环境危机，同时也是完善社会治理体系，建立一个有机社会的契机。为此，中国农村生活垃圾的治理需要从三个维度——行政体系的公助、村民主体间的互助和对村民自助的学习触发，才能探讨根植于村落空间再造的治理模式。同时需要认识到，垃圾问题所带来的是村民生活世界整体性的恶化，在治理之道的探索上，也需要通过法律法规可行性的确立，再辅以新道德规范的参与式习得来重建生活世界，才能应对消费社会中压力不断增大的垃圾问题。

第一部分

垃圾问题的现代性困境与国外治理经验

第二章　现代文明中的垃圾问题

一　环境问题的现代性批判

垃圾在中国古代被称为“尘芥”，按照当时的数量级单位，“尘”为一百亿分之一，“芥”为一千亿分之一（张玉钧，1999），仅从字义来看还远不构成一个问题。但在现代化进程中，环境问题乃至环境灾难的多发，以及远远超过自然界消化能力的垃圾将每一个现代人都卷入到现代性的困境之中而疲于应对。对于现代文明的高度，我们该如何衡量？应如木桶定律那样，取决于其短板而非长板。作为现代文明副产品的垃圾问题，其日益复杂化的程度犹如梦魇一般纠缠于我们生活的方方面面，却在日常生活中往往成为那块不被关注的短板。自现代化进程开启以来，从可见的水质和空气污染，到不易察觉的地球温暖化和海洋污染，以及常常被忽视的生活垃圾等等，环境问题不断地呈现着各种姿态出现于人类社会和自然环境当中。

在早期社会学家的考察范围内，无论是迪尔凯姆（Durkheim，2017）的社会分工，还是齐美尔（Simmel，2002）的社会分化、韦伯（Webber，2019）的资本主义理性化及马克思的资本主义形成与崩溃，无不彰显着现代化开启阶段的人类中心主义色彩的理论与学说。“二战”后，由于环境公害的普遍爆发，卡森（Carson，2017）的《寂静的春天》成为环境保护运动的滥觞，此后卡顿与邓拉普（Catton&Dunlap，1978）批判社会学的范式充斥着人类中心主义，提出了环境社会学的研究范式。可以看出，在环境公害爆发之时，也成为学者重新审视对人类社会与自然环境的关系的契机。此外，如内斯（Naess，1973）提出了深层生态主义（Deep E-cology）来批判浅层生态主义（Shallow Ecology）的缺陷。他认为，浅层生态主义依然停留于为人类的生存和利用等利益而进行的环境保护运动阶段，依然属于人类中心主义的范畴。而深层生态主义则是人类应该根据生态圈平等主义来尊重每个生物所具有的固有价值，从而改变自己的生产生活方式，环境保护的本身就是目的，人类从中受益只是结果而已。该学说针对的是 20 世纪 70 年代开始的环境保护运动中存在的不足点，这些运动大多围绕着工业污染和环境政策展开，对个人的生活方式并不关注。深层生态主义的终极目的是促使个人的觉醒与自觉，20 世纪 90 年代以后，对全球的环保运动产生了深远的影响。在法学界，法哲学家斯顿（Stone，1972）提出了“自然的权利”，即自然与人类不只是在伦理上平等，在法律的权利概念上，自然与人类也具有同等的法人资格，这是转变人类中心主义为生命/自然中心主义的环境思想。他认为，权利概念适用范围在趋向扩大，以及自然物的原告资格赋予——权利的主体，如富裕阶层、男性、白人等限定相继被废除。顺应这个潮流，权利的主体也应该赋予人类以外的自然物。在法律诉讼上，人类可以作为自然物的委托人或信托人，替代被害者的自然物请求赔偿来修复自然环境，或阻止开发。

为兼顾人类社会的发展与自然环境的保护，可持续发展（Sus-tainable Development）这一理念成为当今世界的大合唱，这一概念最初源于奥德姆（Odum，1971）提出的环境容量（Carrying Capac-ity）。他发现，1800 年塔斯马尼亚岛第一次引入羊群后，1850 年达到 200 万只，1930 年后维持在 170 万只左右。但在有限的环境内，资源和可处理的污染都是有限的，可持续生存的数量不可能无限增加。紧接着 1972 年罗马俱乐部提出了《增长的极限》（*Mead-ows et al*，1972），警告人口增加和环境破坏的持续，以及资源的枯竭，最终会导致人类社会的发展将在 100 年以内终结。二十年后，该俱乐部的续篇《界限的超过——为生存的抉择》（*Meadows et al*，1992）中，指出由于资源挖掘和环境污染的严重恶化，21 世纪前半期人类社会将迎来崩溃。在这样的背景下，1980 年，联合国下属各组织（UNEP/WWF/FAO/UNESCO/IUCN）共同提出了生物资源的可持续利用。1987 年，世界环境与发展委员会（World Commission on Environment and Development）发布《我们共同的未来》中，可持续发展被应用于人口增加、粮食安全保障、能源供给和城市开发，其概念也被广泛认识。通过 1992 年的地球峰会（World Summit on Sustainable Development），其理念逐渐被各国接受，成为政策制定的指针。

“Sustainable Development”仿佛为未来的人类社会开启了理想的蓝图，然而其意义的模糊性往往抹杀了其积极的一面。发展——“Development”一词本身含义的不明确，既可以译为“发展”，又可以译为“开发”。但在汉语语境中，二者的含义却有所不同。如果“发展”是一粒能够发芽开花的种子，那么“开发”就意味着人为地让其生长、成长，如果不能自我发展，或者是发展不充分，就需要外力的介入，或与他人的合作。但开发一词，特别是在环境学相关的语境中，还隐含着对生态环境和人文环境的“破坏”之意。如果把“Development”只翻译为具有正面含义的“发展”，会使其词义呈现出一定的隐蔽性，让我们忽略掉在发展中的破坏性。特别是在破坏自然生态的大型设施建设的问题上，“可持续发展”就成为一个不可置疑的理念，反对建设即意味着反对“发展”，是拖后腿的自私行为。对此，萨克斯（Sachs，2000）提出的“去开发论”中，指出所谓发展只是美国以自己为模型对世界的投影，导致国家之间的序列化，广泛的环境破坏及文明多样性的消失。对于现代化先行国家的欧美将自己的发展模式推广至全世界的潮流，日本学者御代川贵久夫与关启子（2009）提出了尖锐的批判。他们认为，欧美先进国家将富裕程度和生活便利性的提高当作科学技术的结晶，往往把自己的开发模式强加于非欧美地区。而对于欧美社会占据统治地位的经济开发模式和认知，如果佯装精通就会被安排坐在有教养人的末席，如果不是，就成了被启蒙的对象，此种近代以来的做派风气如果持续下去的话，被迫站在边缘的人们别说是传递自己的声音，就连嘴巴可能也张不开了。

二 全球化体系中的环境问题

现代性一方面表现为与传统的断裂，另一方面，现代性的外延带来了前所未有的社会变迁，尤其是带来了全球化的结果，确立了跨越全球的社会联系方式（吉登斯，1998；2000a）。其中，自近代以来人类在认识论上似乎已达成了某种共识。即，现代社会中任何意识形态都是建立在无限的地球资源与空间的基础上，认为可以永远延续工业革命以来的发展路线，甚至迷信科学可以解决一切环境问题，却忘了现代科学对环境问题的出现有着不可推卸的责任。科学支撑着大量生产及大量消费，而消费主义是经济发展的基础，消费得越多，经济越发展，就业与生活水平才能有保障。为此大力推行的工业化与城镇化而引起的环境问题在成为人们关注焦点的同时，忽视了因全球化进程而失衡的环境正义。即便发达国家已经大幅度地降低了环境公害的发生概率，但这不意味着已全然消失，而是在全球化的助力下，将环境问题输出他国，转嫁了环境治理成本。

首先是生产力的增强引起环境破坏在时间和空间上的延伸。如雾霾、酸雨等越境型的环境问题，与地球温暖化、海洋污染等全球规模的环境问题，都是由于工业革命以来的生产模式在时间和空间上的扩大，带来了污染在时间和空间上的扩大，从而使其成为超越国境的环境问题。而这样的问题自工业革命以来从未停息，规模也在不断地扩大。20 世纪中叶之前，伦敦被称为“雾都”，战后日本一度被称为公害列岛，如今在中国的各大城市每年爆发的雾霾，无不显示人类的现代文明已走到了十字路口。因为，地球上占 80% 人口的发展中国家如果都要走相同的道路，那么无疑会导致地球生态系统的整体性崩溃，人类文明的多样性也无法维系。

其次是由于国际政治经济合作的扩大，即国际分工的进程导致生产工程中的环境问题从发达国家向发展中国家的转移。在自由贸易盛行的全球化进程中，如日本等先进国家将环境污染性产业转移到环境意识相对落后、环境法律法规松懈的国家，即环境负荷的外部转嫁论（寺西俊一，1992；船桥晴俊，2001；包智明，2010）。在经历战后的快速复苏，经济条件逐渐好转之下，发达国家的环境法律法规愈趋严格，民众的环境意识逐渐提高，挤压着企业的生产成本。相对于此，发展中国家急于经济发展，甚至不计后果地降低环境法规的门槛来拥抱国际企业的投资设厂，同时环境技术的未达标和民众环境意识的未觉醒，也为污染企业生产工程的国际转移提供了便利条件。世界十大公害之一的印度博帕尔事件（1984）体现的就是贫民窟地区如何成为国际企业的“污染天堂”（Smarzyn-sket al，2001）。该事件加害方的美国联合碳化物的印度子公司位于印度博帕尔市贫民窟附近的储罐爆炸释放出 45 吨毒气，导致 20 余万人受害，近 2 万人死亡，5 万人失明的公害惨案。类似的还有日本的大企业三菱化成在马来西亚的投资企业于 1982 年开始生产后，将含有放射性物质的废弃物投弃在工厂周围导致附近居民罹患白血病的事件。三菱化成所生产的稀土元素类产品在日本一直生产到 1972 年，但由于公害反对运动的兴起，以及环境法规的强化，该公司逐渐通过企业内分工，将一部分环境成本高昂的工程转移到了其他发展中国家。

除了环境公害的国际转移，由于发达国家的消费高度化，借助全球化的国际分工体系更是将环境问题轻易地转嫁给了发展中国家。生产—消费—废弃在前现代通常局限于一个地域社会，但是随着现代化、全球化进程，这三者已然相互分离。发展中国家成为发达国家的能源、资源供给地与商品生产的基地，从而在发达国家实现了生产与消费的分离；而这些商品在发达国家被消费后，再通过国际贸易方式将废弃物转移到他国，以实现消费与废弃的分离。消费者对于进口商品的背后隐藏着什么，处于毫不关心的状态，这与日益融合的全球化的理想并不相符。如此，在全球化体系中，发达国家变得越发绿色，而发展中国家则变得越发污染恶化。在这当中，由于废弃物管理技术的成熟，垃圾问题被不可视化，以致发达国家的人们不会感到有任何的罪恶感。除了产业链转移导致的环境问题之外，更加隐蔽的破坏是生产生活方式的国际转移——似乎带来了技术革新、货币收入增多、生活便利化等正面效应，但是却默许传统生活文化的衰退和自然生态的恶化。囿于经济利益的发展，忽视了其背后的另一层含义，即开发所带来的变化——对生活、对文化、对自然生态的改变，也成为不可逆转的趋势。但对于借由全球化浪潮，发达国家对发展中国家的投资与污染，环境社会学迄今并没有太多的建树，是一个亟待阐发的课题。

三　全球化进程中垃圾的转移

如今，现代化的消费方式已完全融入我们的日常生活当中。对更富裕、更舒适、更便利的追求，带来了大量生产、大量消费、大量废弃的生产生活方式。而如果反其道而行之，现代产业社会的结构本身将会崩溃。最直接能够反映出这一症结的就是垃圾问题，不单是呈几何数的量变导致的浪费型社会，还包括围绕垃圾焚烧厂和垃圾掩埋地选址等没完没了的社会纷争。垃圾问题的恶化，预示着环境问题的复杂化，加害与被害这一结构已然不再清晰，每一个人都成为环境问题的制造者，同时又承受着恶果。经济与科技的发展并未能克服环境问题，当代社会已完全陷入大量生产、大量消费、大量废弃的生产生活方式的泥淖，为世人勾勒出一幅现代文明悖论的画面。现代文明是一个多面体，不能一味地赞美或否定，然而，环境问题的层出不穷却意味着现代文明与人类赖以生存的自然环境有着不可调和的矛盾，就需要我们重新审视现代文明的路途。尤其是垃圾问题在全球化体系中的国际转移，更是集中地体现了现代性的弊端。据英国《卫报》（2021 年 5 月 23 日）报道，一向以“环保大国”自居的英国，被一家国际环保组织揭露出向土耳其倾倒垃圾的丑闻。调查人员发现，2020 年英国将大约 21 万吨的塑料废品运往土耳其，这些垃圾完全未被回收，而是被非法丢弃在路边，随后进行了露天焚烧[1]。这条新闻足以说明，即便时间已进入21世纪20年代，即便是发达国家也未能完全挣脱出垃圾问题的泥淖，垃圾的流向也说明了全球不平等的结构依然坚固。

中国作为世界工厂的制造业大国，一直也是全球垃圾回收体系的终点之一，输入洋垃圾，成就了废品回收再利用的大规模工业化，经由“变废为宝”的工序后，这些产品又被输出到全球市场当中。这似乎是一个共赢的体制，让所有参与者皆有利可图。但是，在垃圾回收再利用的全球产业链中，生产—消费—废弃相互乖戾的路径也加大了发达国家与发展中国家之间的“绿色差距”。发达国家通过全球产业链轻易地将生产和废弃的成本转嫁到发展中国家，而享受现代文明的大量生产、大量消费、大量废弃的富足与便利。垃圾问题是现代性的、全球性的难题，至今还没有任何一个国家能够完全消化垃圾问题所带来的困扰。但正因为依靠着“垃圾出口”这一路径，高度消费社会的生产生活模式才能得以维持到今日。2002年环保活动家帕克特（Puckett）提出了一份具有里程碑意义的纪实报道《出口的危害（*Exporting Harm：The High-Trashing of Asia*）》，使得中国电子垃圾再生产业一度成为世界环保领域的焦点[2]。几十年来，中国一直作为全球垃圾回收再利用终点站，在相关法规政策尚未完备、民众环境意识不高、企业社会责任感还不充分的条件下，可以想见该产业的环境危害，尤其是对一线从业人员的健康影响。

2017年7月，中国国务院发布《禁止洋垃圾入境推进固体废物进口管理制度改革实施方案》，规定于2017年底前停止进口包括废塑料、未分类的废纸、废纺织原料等垃圾在内的24种“洋垃圾”。根据海关总署公布的数据显示，阻击“洋垃圾”进口后，进口固体废物量显著下降，2018年全国固体废物进口总量2242.1万

---

① The Guardian，“The Guardian view on recycling plastics：keep it in the UK”，May 23，2021，https：//www.theguardian.com/commentisfree/2021/may/23/the-guardian-view-on-recycling-plastics-keep-it-in-the-uk.

② Puckett，“Exporting Harm：The High-Trashing of Asia”，明特：《废物星球：从中国到世界的天价垃圾贸易之旅》，刘勇军译，重庆出版社2015年版。

吨，同比减少43.40%，2019年上半年进口固体废物量为728.6万吨，同比减少26.99%[①]。可以说，中国对打击洋垃圾进口取得了阶段性的胜利，但也因这项政策的出台与执行力度，一时间全球舆论哗然，引起了一系列的涟漪效应。在一篇名为《中国禁止洋垃圾入境后，整个世界都乱套了》的报道中，列举了多国因中国新政而引起的混乱[②]。韩国义城郡早已不堪重负的垃圾场不得不接收原本要输出到中国的垃圾，而美国的环保政策中的一环就是将垃圾运到中国，俄勒冈州在中国禁令后的五个月已有600多顿的垃圾无处可去，此外，如英国、加拿大、新西兰、澳大利亚、日本等国的废弃物回收商纷纷宣布停止接收可回收物品（尤其是可回收的塑料制品）。可见早已习惯于消费与废弃相分离的高度消费社会的政府与居民都不得不重新衡量未来的环境成本与生活成本。

从现代性的角度来说，人类社会一个很重要的危机就是工具理性会随着整个现代化、官僚化、科层制的过程，驱逐价值理性（韦伯，1997）。但基于理性的行为，我们在日常生活中很少去反思和批判，如此两百多年的近现代史中，我们已混淆了工具和价值，路径取代了目的。因为现代社会将理性确立为人的根本，而理性的独大，即以理性来衡量、判断事物的思潮冲垮了其他价值判断体系。黑格尔（Hegel，1961）曾指出，凡是合乎理性的东西都是现实的，凡是现实的东西都是合乎理性的。那么，作为现实存在的垃圾也同样是现代理性的产物，更准确地说是工具理性君临天下的后果。因此，环境保护共同体、相应的社会系统及制度亟须建构起来，以发挥无数个体累积起来的环保力量。如果回归到现代性与环境污染的关系，这就需要反思现代性弊病，进而重构一个体现价值理性的经济与政治制度，以实现人与自然关系的长久和谐。

---

① 彭琨懿：《禁止“洋垃圾”入境政策取得较大进展！2019年上半年我国进口固废同比减少26.99%》，前瞻经济学人网，2019年9月3日，https://www.qianzhan.com/analyst/detail/220/190902-46f0c87a.html，2020年1月12日。

② 贾兆恒：《中国禁止洋垃圾入境后整个世界都乱套了》，新浪财经网，2019年03月15日，http://finance.sina.com.cn/china/gncj/2019-03-15/doc-ihsxncvh2748915.shtml，2020年1月12日。

四　现代文明的两难困境与突破路径

实际上我们每一个社会成员在不知不觉的情况下，积少成多的累计效果，导致了社会环境与生态环境的恶化。针对日常生活与环境破坏的矛盾关系，如同“社会两难困境”理论映射出了现代社会的文明悖论。社会成员个体追求短期的、个人的利益，在一定的条件下与长期的、社会公共利益发生矛盾，最终导致环境财富的破坏（盛山和夫、海野道郎，1991；船桥晴俊，1998）。换言之，从个人的角度来看，追求私利是理性的行为，具有合理性，而当这种合理性累加到一定程度时，却导致社会整体，即所有社会成员均要蒙受损失。究其原因，理性的、自利的个人不会积极主动地发动集体行动以满足所属集团或组织的需要，集体利益的维护往往充斥着挫折和不确定性（奥尔森/Olson，2018）。这也更进一步恶化了现代原子化社会的信赖关系，个人生活圈子的狭隘化、平庸化造成了个人主义利益的至上。而个人主义与工具主义理性是结合在一起的，它们的扩散就成为现代性的一大特点（泰勒/Taylor，2001）。因此，当一个问题超越传统的共同体，如影响广泛的环境问题，乃至温暖化、热带雨林的破坏和大气污染等全球规模的环境问题出现时，信赖关系的惯习形成极其艰难。

那么在实现了富裕的、快捷的、便利的现代社会，人类是不是会感到更多的幸福？与初衷相反，我们已深陷一个焦虑型的社会。与其他动物相较，人类可以通过设计出连锁式的手段行为来达成某一目的。如传统的农耕社会，经过翻土、播种、浇水、除草等行为，等待几个月之后才能收割。而收割的粮食要储藏、保存、无论怎么饥饿也要留下一部分作为翌年的种子。一朝一夕间不能达到的目的，其设定与一系列的连锁手段相结合，过程中要放弃即时的满足，忍耐目的达成前的等待过程，形成了农耕文明期坚韧的生活态度。其中手段行为的连锁是以满足的延迟为前提，但现代文明的高度化，如交通和通信的手段，以及家用电器的应用把人类带到一个前所未有的、可以瞬间满足需求的阶段。产品与服务的提供者不能有丝毫差错，消费者已不能忍受分秒的延迟，人类的耐性越来越小，紧张、压力、焦虑等社会病理已逃不出现代文明的陷阱。

那么该如何打破这样的结构？为此，我们应该考察一下普通市民是如何在不知不觉的情况下被归置在这样的结构当中。自近代以来，首推公共教育，即学校教育对此发挥了巨大功能。公共教育，即学校教育的开展与普及削弱了共同体及家庭的教育功能。公共教育体系运用划一性的知识体系与评价标准，犹如一个庞大的工厂一般对人进行加工，以达至“现代市民的规格化”，进而实现对既有社会路线的承认与延续（李全鹏，2012）。教育本应具有变革社会的功能，但现代教育被所谓的公共教育垄断之后，只剩下既有生产生活方式的再生产功能，以至于我们往往对环境问题的层出不穷而疲于奔命，不能开拓出新的路径。人的形成，及意识与行为已被学校教育所规格化，因此，现代社会所面临的环境危机，迫使我们要进行变革社会，而前提是现代教育体系的解构与重构。这也是为什么本研究将中国农村垃圾问题解决的落脚点放在了以村民为中心的学习型村落的建构之上。而对于生活垃圾的处理方式，即便是先进国家也大多为掩埋和焚烧及循环再利用。但掩埋的空间有限且不可能做到无损于自然环境，焚烧厂的设置已引起纷争不断，那么期望于循环再利用等处理技术的提高能不能解决垃圾问题？生活垃圾问题所折射出的应该是如何反思资源、生产、消费的无节制现代化模式，及如何促使各主体共同参与到资源循环型社会的构建，并在大众消费社会的模式中学习解决现代课题的手段。因此接下来的两章将引入高度发达消费社会模式所带来的垃圾问题这一现代性困境，以及迂回曲折的对策路径。

第三章　美欧高度消费社会的垃圾问题与治理路径

一　美国垃圾治理的实践

在中国禁止洋垃圾入境后，东南亚各国的塑料垃圾入境从2016年的83.7万吨激增到2018年的226.6万吨，迫使马来西亚、菲律宾、印尼等国纷纷宣布强化管理，将大量的入境垃圾退回到原产国——美国和加拿大等先进国家。而美国仅在2018年就把装有塑料垃圾的15.7万个集装箱出口到了发展中国家，但实际上这些洋垃圾并没用进入再利用的程序，只是被填埋、焚烧，或直接倾倒入海洋[①]。而旨在限制有害垃圾国际移动的《控制危险废物越境转移及其处置巴塞尔公约》于1992年就已生效，近些年来提倡对其修改的环保组织者认为，还应该规定发达国家自主解决垃圾问题，而不是将问题转嫁给发展中国家。美国国会尚未承认该条约，这是因为美国作为世界头号消费大国的垃圾处理体系尚未完善，只能依赖于垃圾出口。

根据世界银行的统计，2016年全球垃圾产量超过20亿吨，其中厨余垃圾占比最大，其次是纸类和塑料；东亚和太平洋地区垃圾总产量最高，达到4.68亿吨；北美是人均垃圾产量最高的地区，

① 徐伟：《震惊！全球海洋塑料污染最严重的5个国家都在亚洲》，搜狐网，2019年9月17日，https://www.sohu.com/a/341391223_120065720，2020年1月12日。

相当于每人每天要生产 2.21 千克垃圾；2016 年人均垃圾最高的国家是美国，平均每人每年生产超过 800 千克垃圾，是中国的 4 倍多①。而据美国国家环境保护署的统计，2017 年美国的生活垃圾为每年 2.67 亿余吨，其中有 1.39 亿吨填埋或焚烧（1995 年为 1.45 亿吨），9400 万吨通过回收再利用或堆肥等方式进行处理②。从数据上来说，美国垃圾问题对策的进程缓慢，因为在美国联邦分权的体制下，并没有一个统一的回收体系和法律框架，各州、各市甚至各郡有自己的垃圾处理方法。生活垃圾的处理均属于各地政府的责任，大多委托给企业进行处理，而环保组织及 NPO 则对市民和学校提供循环再利用等环境学习的机会。

地广人稀的自然条件为美国人提供了大量的垃圾掩埋场地，这也妨碍了资源循环型社会的构建。然而，随着环境意识的提高，环保团体针对垃圾掩埋场的诉讼，以及因 NIMYBY（邻避效应）而带来的纷争逐年增多。其结果提高了垃圾场建设与维持的管理成本，导致新的处理场难以立项。在加州由于垃圾处理场的不足以及对自然环境保护意识的提高，于 1989 年通过了 AB939（California Assembly Bill939）法案，以 1990 年为基准，规定至 2000 年度削减 50% 的垃圾。该法案出台的背景是由于加州最大垃圾掩埋地的米拉马尔处理场（Miramar Landfill）即将达到其容量的临界点。每年至少有 130 万吨垃圾被运送到这里，相当于加州所有生活垃圾的 5%。该垃圾掩埋场原本是从美国海军借用的土地，达 1600 英亩，位于沙漠地带，年降雨量少，使其成为垃圾填埋场的有利条件。填埋场只接收家庭及企事业组织的生活垃圾，定期检测大气、水质等环境影响。处理场的地下存在着地下水系，每次雨后都要进行地下水的检测，从垃圾处理场发生的污染物质最多的是灰尘，所以当地

---

① 徐秋雨：《中国不想再做“垃圾进口第一国”美国人均垃圾产量 4 倍于中国》，界面新闻，2019 年 1 月 14 日，https://baijiahao.baidu.com/s?id=1621699011283013480&wfr=spider&for=pc，2020 年 1 月 12 日。

② U.S. Environmental Protection Agency, Infographic about Municipal Solid Waste (MSW) in the United States in 2017, https://search.epa.gov/epasearch/?querytext=%E5%9E%83%E5%9C%BE&areaname=&areacontacts=&areasearchurl=&typeofsearch=epa&result_template=2col.ftl#/.

的大气污染状况也在检测范围之内。

美国垃圾处理场分为三个级别：第一级别处理核废料以外的有害垃圾；第二级别处理液态的垃圾及杀虫剂等危险度较低的有害垃圾；第三级别处理家庭及企事业单位的生活垃圾与建筑废料。米拉马尔处理厂属于第三级别，于1957年开始运转，至2002年已填满2/3的面积，如今已近临界点。当初的计划是，填满后还给海军，在之后的30年内进行环境检测，但之后该填埋地如何处置，还未有任何规划。为了延长处理场的生命力，从20世纪90年代开始的对策之一是有机垃圾的堆肥处理，并安装了相应的处理设备，其成品的腐土作为商品出售，甲烷作为燃料使用。

该处理场特异的地方是其广阔的面积内有一处自然保护地。在世界上只有加州才有的三处春池（Vernal Pool）中的一处就位于这里，被认定为自然保护区域，不能成为垃圾的填埋地带。由于自然保护运动的兴起，从20世纪90年代初期开始，为修复自然生态，开始了种植当地原生植物的活动，由NPO在当地的温室内育苗，再由高中生等志愿者进行栽培。以该运动为契机，一系列的设施建立起来，如米拉马尔回收再利用中心（Miramar Recycling Center），将纸质类和瓶罐类垃圾进行回收，并专门设置了回收电池、机械油类、不冻液等与汽车相关的垃圾，及农药、杀虫剂、油漆、酸碱性液体等有害物质的保管场所，每三个月回收一次。

虽然，在美国垃圾量的削减及回收再利用的时代早已到来，行政体系也为此采取了积极的措施，但是现代消费模式已深刻融入每个人的日常生活中，排放出的垃圾不断增加，期待市民把垃圾带到回收再利用的地点已不适用于现实情况。因此，垃圾收集处理大都委托给企业对垃圾进行分类，将可回收物品出售给资源再生厂家。但在日常生活中践行垃圾减量这一环境行为，无论如何也无法交由行政或企业代办，需要市民对垃圾与可回收物品进行分类。为此，地方政府作为垃圾减量规划的协调人，把收集与资源化管理委托给专门企业，再通过NPO等社会组织来促进市民的环境学习。

美国居民对回收再利用体系的参与方式，被称为“Curb-side Recycling”。居民把垃圾与可回收物品放置在自家门前，由回收企业进行回收，一般为每周一次，资源化垃圾为两周一次。从2000年开始，为降低垃圾量，对购买堆肥装置的家庭进行资金补助，并通过垃圾收集收费化，及免费回收资源垃圾来促进居民的参与度。为提高回收率，各地大都采取了被称为“Co-Mingle”的混合回收方法。餐厨垃圾在美国家庭一般使用家庭用垃圾处理器进行处理，同时禁止把肉类和主食类垃圾放入堆肥装置，因为这样会引起恶臭和害虫的滋生。如圣地亚哥市一直将可回收垃圾分为三类，即纸类、玻璃瓶、塑料及易拉罐容器，但从2001年开始改为混合收集的方式。原因如下：第一为保障回收工人的安全，推动回收的机械化。因收集容器的大型机械化，将所有的可回收垃圾全部放入更加便利；第二，混合收集比分类细致化更能促进市民的参与；第三，使用机械化的大型回收容器，避免了害虫的入侵；第四，看不到大型容器内部，可防止偷盗；第五，由于大型收集容器的使用，使收集由原来每周一次变为两周一次，可节省人工费用。经过一年的实践，因混合回收方式的实行，回收量增加了28%。

另外一个对垃圾回收的先行城市是休斯敦市。该市人口200余万，周边人口则达150万，是典型的美国大型都市。该市对垃圾回收事业，以及城市的绿化、美化均采取了积极措施，在“Keep Houston Beautiful”的理念下众多环保团体的参与从未缺席。为推进垃圾治理，该市制定了详细的政策，在宣传上定期向居民发放指南与视频。在居民区的垃圾收集使用机械化设备每周一次，人力收集每周两次，大型垃圾的收集每月一次。有害垃圾，如不冻液、电池、食用油、石油、油漆、挥发物、杀虫剂、洗涤液等由该市的环境中心进行回收。针对资源化垃圾的回收（Curb-side Recycling），以居民区为单位两周一次，包括易拉罐、塑料瓶、纸类垃圾，而被称为B. O. P. A（Batteries、Oil、Paint、Antifreeze）的有害垃圾与轮胎也在回收之列。这些可回收垃圾也可以由居民自己带到回收中心站，在回收中心站设有Restore的服务台，可免费领取书籍、服装及工料。在这些设施里的工作人员除了志愿者以外，还包括违反交通规则等轻罪者在此工作以免去刑罚。

在美国的垃圾治理体系有很大一部分为市场化治理。无论是垃圾的收集、处理，还是循环再利用都有民企的推动，当中也包括NPO与志愿者的参与。拥有大规模垃圾处理场，并在国内外开展相关事业的突出企业为WM（WasteManagement）与AW（Allied-Wastelndustries），此外各州均有大大小小的回收处理企业。美国的最终垃圾处理方式以填埋为主，而企业针对垃圾减量化、回收再利用的投资有一定的收益率。以西雅图市为据点的Rabanco公司，回收对象为市区及近郊的约100万人口，现为AW的分公司。该公司于1987年将一座制铁场改造为回收再利用中心，在美国西北地区率先推进了MFR（MaterialRecoveryFacility）设施的建设，处理可资源化垃圾（纸类、瓶罐、草木），以及建筑废料。在11英亩的场地上建有80000平方英尺的建筑物，大多为拉丁裔移民在这里徒手进行分类。分类作业包括三种，即混合型（Co-Mingle）、玻璃瓶、庭木类（Yard Waste）。混合型包括纸壳箱、纸类、易拉罐、塑料容器，以及10%的其他垃圾。玻璃类垃圾由玻璃回收企业通过电脑进行颜色分类后包装，回收再利用。大型回收企业，如WM公司与Rabanco公司积极推进混合收集，而小型回收企业则采用更细致的分类方法。

无论采取何种方式都需要居民的配合。提高资源化垃圾的回收率，当然需要细致化的分类方法，但这同时也意味着居民负担的增大，厌弃分类，进而使回收率降低。分类应该到哪一步的分歧在美国一直争论不休，与此同步进行的是市民团体及学校举行的环境学习活动，以促进市民的参与度。为此，从联邦政府到各州各市的政府均对此类的NPO采取了税收的优惠政策，也通过资金上的扶持来培育NPO的成长与市民的志愿者精神，借此可降低行政负担。在明尼苏达州的圣保罗市，NPO组织St. PaulNeighborhoodEnergy-Consortium于1984年成立，翌年设立了回收再利用部门，开发回收再利用、节省能源、节水等学习教材，并开发、贩卖回收再利用的商品。该组织的一大特点为深切地与当地居民活动融为一体，从环境教育到回收再利用商品的开发、贩卖，并雇有专职人员负责与居民的联络。在NPO与政府的配合下，自进入21世纪以来，该地区垃圾分类回收的居民参与率已有大幅度提高。

二　欧盟的塑料垃圾治理战略

在所有垃圾类型中最难以处理的是塑料垃圾，因为塑料的轻便与廉价等特性，再加上生产技术的成熟，使其深刻地融入现代社会中的每一个角落。对其处理，不仅是技术上的革新，也是对现代化生产生活方式的挑战。近年来，欧盟陆续推出的塑料垃圾治理战略就是以此为前提而开启的具有先驱性的举措。

欧洲委员会于2018年1月19日发布了“欧洲塑料战略”，决心在2030年前彻底实施塑料包装的循环再利用。此前，根据2015年12月发布的“循环型经济与政策的一揽子计划”，已开展了废弃物再资源化的数值目标管理，此次新战略重点突出了塑料用品领域，将其定位于构建循环型经济体系的重要一环。欧洲委员会将为此推进废弃物再利用设施的大型化建造与改造，以及废弃物分类方式与生活垃圾收集方式的标准化，同时为削减塑料垃圾积极进行技术开发的投资。

该提案出台后迅速扩大了政治共识。同年5月28日，欧洲委员会基于1月发表的“欧洲塑料战略”公布了指令案，该案需要在欧洲议会和欧盟理事会审议通过后生效。经过一年的审议，欧盟理事会于2019年5月21日通过了禁止一次性塑料产品流通的法案（《关于减少某些塑料制品对环境影响的指令》Directive of The European Parliament Andof The Council on The Reduction of The Impact of Certain Plastic Products on The Environment），禁止对象包括吸管、餐具等日常生活中所使用的一次性塑料产品。该指令规定在EU公报刊登20天后生效，EU加盟国在2年内修改国内法以符合该指令的要求。欧盟委员会在5月21日发表的声明表示，对于市民们要求禁止使用一次性塑料来防止海洋污染的呼声，欧盟将作为紧迫的课题来加以推进，欧盟将确立一个有野心的标准，来彰显可持续生产和消费的世界标准。对此，作为一次性塑料产品需求者的欧洲流通产业团体“Euro Commers”在5月21日的声明中明确表示，作为欧洲的零售批发经营者，将支持欧盟理事会可持续消费指令的批准，同时要求欧洲委员会与各加盟国政府统一禁止产品的定义，并建设为管理废弃物而充分、恰当的基础设施。

相较于其他国家的垃圾对策，欧盟的塑料垃圾治理战略可谓步子迈得非常大。其背景是海洋垃圾问题的显现，当中八成以上为塑料产品。2018 年 5 月，欧洲委员会发出指令，要求欧盟对欧洲海岸和海洋中最频繁发现的 10 种一次性塑料产品，以及遗失、丢弃的渔具采取对策。这些产品是海洋垃圾问题的最大组成部分，约占全部海洋垃圾的 70%。塑料垃圾难以降解，因此不只是欧盟区域，世界各国的海岸、近海，远洋都有相当的积累。塑料的残留物不仅在海龟、海豹、鲸鱼、海鸟等海洋生物体内被确认，对人类的食物链也有着恶性影响。塑料既方便又容易加工，属于廉价且可用性非常高的材料，如果不将其嵌入循环经济社会中，那么塑料不仅会丧失其作为素材的经济价值，还会抬高治理成本，并对观光业、渔业、海运业产生恶性影响。

欧盟塑料战略的根本目的不在于一禁了之，而是计划将一次性塑料产品升级为附加价值更高的替代品，实际上也是新一轮经济机会的酝酿。通过导入可以反复使用的产品和设计，来创造出再生产业体制的商业模式。伴随着这一战略实施的开启，在科研上欧盟所资助的“地平线 2020”（Horizon 2020）优先支持可再利用塑料、高效再利用流程、再生塑料去除有害污染物质的开发研究。欧盟法律效力的统一性给这一单一市场的投资和革新带来明确性、稳定性，可有效防止市场标准的碎片化。欧盟期待通过这个指令，致力于解决欧洲域内的海洋垃圾问题，并尽到引领世界的责任和义务。

该战略通过试算推演发现，如果不采取根本性的对策，到 2030 年为止塑料垃圾将带来 220 亿欧元的环境治理负担，因此其具体目标是 10 种一次性塑料产品的废弃量至少削减一半，换算成二氧化碳可抑制 340 万吨的排放。该指令并非只针对问题发生后的治理，而是包含了从生产、流通、消费、处理，以及又是如何到达海岸、近海、远洋的整个过程。具体对策如下。

①塑料产品的禁止对象：下列廉价且容易买到替代品的一次性塑料产品，从2021年开始禁止销售。

· 塑料棉球杆
· 餐具（刀叉、勺子、筷子）
· 盘子
· 吸管
· 饮料搅拌棒
· 气球杆
· 泡沫塑料食品容器
· 泡沫苯乙烯饮料容器（包括瓶盖和盖子）
· 泡沫苯乙烯饮料杯（包括瓶盖和盖子）
· 氧降解塑料的全部产品

此外，带有塑料瓶盖的一次性塑料饮料容器，如果盖子可附着在饮料瓶上允许销售。

②削减消费目标：成员国必须制定削减目标，使替代产品可在商店内入手，杜绝一次性塑料产品的免费提供，同时减少塑料食品容器和饮料杯的使用。

③生产厂家的义务：厂家除了需要支付食品容器、箱子、包装（薯片、点心等用）、饮料容器、杯子、过滤嘴香烟（烟头等）、湿纸巾、气球、薄塑料袋的废弃物管理费用和清扫费用之外，还需要负责提高相关意识所需要的政策实施费用。同时，厂家需要推进对塑料产品以及渔具的再使用、抑制废弃、回收再利用。另外，鼓励产业界开发代替此类产品的低污染物品。

④回收目标：成员国通过押金制度（Deposit Refund）等，规定到2025年为止回收77%的一次性塑料饮料瓶，到2029年为止回收90%（基于重量）。

⑤包装标识的义务：要求特定产品明确标准化的标签标识，包括使用后的废弃方法和对环境造成的危害，以及产品中含有的塑料材料，主要以生理用品、湿巾、气球为对象。

⑥提高意识的措施：成员国有义务提高消费者的意识，使消费者认识到一次性塑料和渔具废弃带来的恶性影响，以及这些产品的

回收体系和废弃物管理的选择。

至2018年，世界塑料产量已接近3.6亿吨，欧洲由于资源循环型社会的构建，从2017年的6440万吨下降到6180万吨①。虽有下降，但从人口比例来说，欧洲人均塑料产品消费量过高，因此较为激进的欧盟塑料战略才得以出台，从而推动了人类治理塑料垃圾的前进步伐。如前所述，其背景是塑料垃圾对海洋生态的污染，但对策中还没有直接涉及海洋中的微塑料，盖因其过于微小而弥漫式扩散，已远远超出人类的现有能力。微塑料是塑料片经过风吹雨淋变成细小的碎屑，再加上紫外线辐射和光氧化作用而产生，因此以减少塑料垃圾为目标的该指令，能够间接地促进微塑料生成量的降低。如今，小于5mm的微塑料已遍布全世界，在被认为是地球净土的北极中，每升雪就含有10000颗微塑料，意味着空气也已被污染，同时科学家们还在北极的雪里发现了橡胶颗粒与合成纤维②。这并非个别现象，近些年来科学家已在世界各地的降水降雪中发现了微塑料颗粒，而水流终将汇入海洋，地球再无净土已成既定事实。令人震惊的是，根据2021年1月发表的最新研究表明，科学家第一次在6个人类胚胎中发现有4个胎盘中存在着12个球形或不规则形状的微塑料，其中3个是聚丙烯，其他9个成分还不能确定，但是都含有毒性更大的无机或者有机染料成分③。科学家认为微塑料进入胚胎的途径主要是通过母体的呼吸系统和肠胃消化系统，会导致妊娠过程的紊乱。可以想见，我们自身已处于微塑料的包围之中，而我们的体内通过空气、水源、和食物的摄取也概莫能外。实际上，微塑料并非人类无意的后果，即塑料废弃后的产物，

---

① 91再生网：《2018年全球塑料产量接近3.6亿吨》，2019年10月25日，http：//jiage. zz91. com/detail/986240. html，2020年1月18日。

② Melanie Bergmann and Sophia Mützel and Sebastian Primpke and Mine B. Tekman and Jürg Trachsel，Gunnar Gerdts，"White and wonderful? Microplastics prevail in snow from the Alps to the Arctic"，Science Advances. Vol. 5，No. 8，August 2019，https：//www. science. org/doi/10. 1126/sciadv. aax1157.

③ Antonio Ragusa and AlessandroSvelato，etc. "Plasticenta：First evidence of microplastics in human placenta"，*Environment International*，Vol. 146，January 2021，https：//www. sciencedirect. com/science/article/pii/S0160412020322297.

也存在厂家有意添加到产品中的情况，如化妆品、涂料、合成洗涤剂等。目前，欧盟正在对此类产品的所谓科学依据进行修正，有可能在欧盟的化学物质规范下设置相关限制。此外，还有些海洋微塑料是产品使用过程中产生的，如轮胎磨损产生的粉尘与合成纤维的洗涤，以及塑料的第一次生产中（如产品生产前阶段的原料颗粒）的泄漏。欧洲委员会正在讨论此类商品标签的标识和废水过滤处理方法等法律措施。

三　德国垃圾治理路径的探索

整体上，德国的垃圾政策比欧盟大多数成员国更加严格，其宗旨是极尽可能不产生废弃物。1994 年颁布的《关于促进循环经济和防止与环境和谐相处的废弃物处置的法律》（《循环经济与废弃物法》）规范了制造商和流通业的垃圾收集和回收义务，对于当时的商业行为来说是一次划时代的转变。如今“垃圾扔多少都没有问题”的时代在欧盟，特别是在德国已经终结，付费扔垃圾已成为常识。因此，如果通过垃圾分类，降低垃圾量，就可以节省家庭开支，主要城市的平均费用每年约 1000 元人民币以上。废弃物的处置由各地方政府进行管理，因此一般家庭垃圾的分类方式、收集方法、容器大小和费用有所不同，但基本情况如下（表 3 - 1）。

在德国各地的大多数居民区中，每栋房屋或建筑物都必须安装至少三个容器，包括灰色容器（家用垃圾）、棕色容器（堆肥）和蓝色容器（纸类）。如果独栋居住，则可以根据垃圾收集日的间隔和家庭垃圾量来确定容器的大小。特别是，灰色容器（家庭垃圾）的成本根据尺寸有较大差异，因此削减垃圾量可以节省家庭开支。另外，自行堆肥的家庭，例如在带花园的房子中，不需要棕色的容器，也不需要支付费用，但需要单独申请。

容器的第一次租赁费为免费，但是如果以后更改尺寸，则需要付费。公寓居民无法选择尺寸，如果某个居民用大量垃圾填满一个容器，其他人就不能再投弃垃圾。因此，公寓垃圾箱的共享，经常会出现问题。如果垃圾箱已被填满，并且等不及一两个星期，那么在某些地方可以在政府部门购买箱包，很多家庭会提前准备。在某些地区，市政当局仔细检查垃圾桶，看看有没有不适当的物质混入其中。尤其是在环境意识较高，以及绿党影响力较强的地方政府中，往往将检查棒放在灰色的容器中，如果检测到危险或化学物质，就不会收集容器。当蓝色和黄色的容器与不适当的垃圾混合时，也是同样的对策。

表 3 –1　　德国家庭垃圾的分类

垃圾种类	容器与尺寸（升）	物品	次数与费用
家庭垃圾	灰色容器 80/120/240/770/1100 升 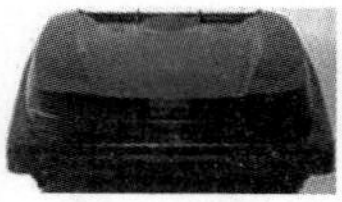	灰尘、笔类、毛巾、纸屑、毛巾、口香糖、烟头、剃刀、皮革、伞、骨头、玩具、牙刷、尿不湿等。	1—2 次/每周 有偿，所有都在焚烧设施中处理，没有可回收的物品。
有机垃圾	棕色容器 80/120/240 升 	可堆肥用的餐厨垃圾和花园植被，但加热食物不可。	1—2 次/2 周 一些地方政府免费提供小型厨房容器。
纸类	蓝色容器 120/240/770/1100 升 	如果混入纸张以外的其他东西导致无法回收，则收取单独的费用，并作为普通垃圾再次运输到焚烧设施。	1—2 次/月 免费，全部回收。

续表

<table>
<tr><th>垃圾种类</th><th>容器与尺寸（升）</th><th>物品</th><th>次数与费用</th></tr>
<tr><td>可回收垃圾</td><td>黄色容器
120/240/770/
1100 升

</td><td>金属和塑料容器以及涂有合成树脂的容器，例如果汁盒和牛奶盒。
聚苯乙烯泡沫塑料放在黄色容器中，而建筑材料和有污渍的聚苯乙烯泡沫塑料扔进灰色的垃圾容器中。</td><td>1—2 次/2 周
由政府提供有偿或免费的容器。但有地方规定不提供容器，居民需自费购买袋子。回收人员如果在容器上贴有红色标签，意味着混入了不适当的物品，拒绝回收。被拒后，可作为家庭垃圾，通过书面形式申请回收，但需缴费。</td></tr>
<tr><td colspan="4">其他垃圾的回收</td></tr>
<tr><td>小家电</td><td colspan="3">包括电动剃须刀，烘干机，手机，搅拌机等。</td></tr>
<tr><td>危险垃圾</td><td colspan="3">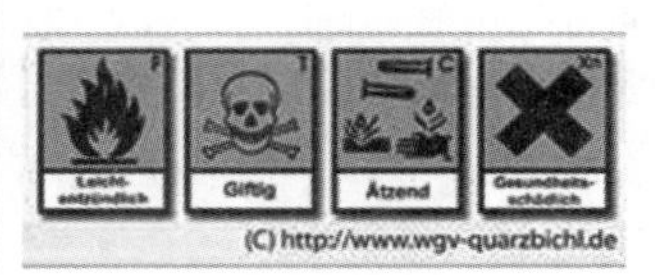

除有毒物质外，还包括所有含有合成树脂和化学物质的物品。</td></tr>
<tr><td>玻璃瓶</td><td colspan="3">

根据容器颜色放入相同颜色的瓶子。红色与黄色的瓶子，或者无法分别颜色种类的瓶子放入绿色的容器中。</td></tr>
</table>

续表

垃圾种类	容器与尺寸（升）	物品	次数与费用
纺织品	容器放置在路边，用细绳绑紧的袋子放入，确保衣服干净整洁。碎布及垫子不可。		
大型垃圾	通常每月收集一次大型垃圾，需要单独的申请程序。回收工人会严格检查它是否与申请的物品相一致。回收物品的种类、费用的多少取决于当地政府和回收公司。木椅、桌子、床、书架、衣柜等，必须拆解其中的金属，镜子和布料的部分。电子产品也作为大型垃圾收集，需要与其他设备分开放置。		

关于垃圾的对策，德国各地大多走过了相似的路径。如海德堡市，作为德国最古老的大学城和中世纪城堡的古都，人口约 15 万人。对于垃圾处理，该市的基本理念如下：第一，垃圾量的削减；第二，推进家庭堆肥；第三，提高可再利用容器的比率；第四，制订长期计划，阶段性地削减垃圾焚烧量。1984 年，该市不可回收的焚烧垃圾占家庭垃圾的 93%。由于焚烧设备的老化难以净化排放的烟雾，不得不运到法国的焚烧厂加以处理。该市通过一系列的对策，到 20 世纪 90 年代已经摆脱了这样的困境。主要通过降低浪费来促进彻底的回收利用，其中包括将包装材料（如瓶子和罐子）的回收率从 7% 升至 1997 年的 42.8%，如今已近 90% 的回收率。为达到垃圾量的削减与回收再利用，该市采取了一系列的细致化对策：

第一，作为一项经济激励措施，提高家庭垃圾处理费用。同时将收集间隔从每周一次改为每两周一次，使人们家庭生活中的垃圾清运变得困难，从而迫使人们在日常生活中降低垃圾的产生量。

第二，采用现收现付制。

第三，运用一切渠道以使居民意识到垃圾问题的重要性，如向各家各户分发关于垃圾知识的日历、宣传册，以及展览会和宣传车等。

第四，在每个家庭中推广植物垃圾的堆肥。

第五，对餐饮业规定了容器再利用的义务。

垃圾的焚烧在该市早已停止，并决定不再使用焚烧炉。自1996年开始，垃圾被运到邻近曼海姆市的焚烧厂进行处理。焚烧费用每吨高达500马克，在1997年共焚烧垃圾45000吨，对于当市来说削减垃圾量也是降低财政负担的举措之一。曾把垃圾运到法国焚烧厂的方法，由于《巴塞尔公约》的生效而停止，这也加快了该市削减垃圾与回收的步伐。其主要再利用的方法如下。

①与DSD公司（Duales System Deutschland GmbH）合作推动回收利用。每500米设置几个回收容器，瓶子根据颜色进行投放，罐子和PET容器也分开放置。在指定的容器中，回收的纸张从1984年的不到一吨，十年后已增加到12000吨。

②家庭堆肥由市政府主导推行。蔬菜、咖啡过滤器、茶袋和园艺中的垃圾可进行堆肥化处理，必须将其与普通垃圾分开。1972年，市政府推行了一种在厨房可进行堆肥的处理器，但经常混入有毒物质，该计划终止。从1985年该市停止焚烧垃圾以来，再次在每个家庭中推广堆肥及堆肥的回收。该市在36平方米的农场等设施上建设了堆肥工厂，投资达2000万马克，在除臭方面投资5000万马克。这是一个全面的生物垃圾处理场，其处理能力为35000吨，每吨处理成本为350马克。生产的堆肥作为葡萄园土壤改良剂以每吨35马克的价格出售。虽然难以盈利，但该市以及德国政府依然将堆肥化的垃圾处理作为长期的重点项目推广。

③大力促进市民之间销售和交换未使用物品。如今耐用的消费品，比如衣服等的交换出售活动已经比较普及。

另外，需要特别指出的是源于德国的Der Grüne Punkt（The green spot）已在整个欧盟通用。Der Grüne Punkt（The green spot）是Duales System Deutschland GmbH公司的注册商标，成立于1990年。一般印在黄色容器、黄色收集袋、瓶子和纸张收集容器上，里面所收集的旧物品将按照包装规定由该公司进行再利用作业。

最初在 1990 年前后，整个德国的废弃物处理问题都已达到极限，特别是大型包装容器的问题引起诸多批评，政府要求制造商收集和回收再利用容器。在当时，对于企业来说，必须付出高成本来应对回收再利用，而且回收再利用量也不多。这时 Dual Systems 公司应运而生，并承诺接收全部回收再利用的物品。该公司与各制造商签订合作协议，收集和处理这些商品。此后，欧洲反垄断贸易管制委员会发出警告，自 2001 年以来，该项事业已成为开放的自由市场。目前，共有九个竞争对手，但该公司约占 50% 的市场份额。贴有上面标记的产品意味着商品的包装将被回收，也表明其产品带有环保属性。回收成本由制造商承担，但这些成本会添加到产品中，最终由消费者承担。在德国，根据人口和商品数量来计算的话，每个人每月支付 1 美元左右。

该标识在容器上的颜色不一定是绿色，以避免增加印刷成本。但是，整个欧洲在不同程度上都使用了该箭头的标记。德国在法律上要求可循环再利用的商品必须被回收，此类措施在欧盟起到了先行的示范作用，但是还未在欧盟域内成为强制性的规定。

四　小结——塑造下一个时代竞争力的路径

根据本章的梳理来看，美国针对垃圾问题的对策迟缓，甚至将所谓可回收垃圾出口到他国作为治理对策的一环，可见其资源循环型社会的确立依然处于遥遥无期的状态。而欧盟在环境治理上，无论是垃圾减量对策，还是塑料垃圾治理战略，都走在了世界的前端。即便如此，在对策的梳理当中，我们也可以看到任何国家在垃圾治理上，都不可能绕开这一现代性的难题，其解决也不可能一蹴而就，其中必定充满了迂回曲折。

但欧盟并不存在城乡二元体制的区隔性作用，垃圾问题也自然不会成为城乡居民环境权益差异的表征。如 Sterner&Bartellings（1999）考察了瑞典垃圾问题在回收、堆肥及最终处置过程中的决定性因素，但分析的立脚点与城乡之别无关，盖因瑞典，乃至欧盟并不存在城乡二元结构。Mihai（2017）通过数据呈现了罗马尼亚农村地区垃圾处理不规范的普遍性，作者的问题意识是基于既有研究绝大多数只关注城市垃圾处理的问题，缺少对农村垃圾的数据调查。其背景是当罗马尼亚加入欧盟时必须符合欧盟指令所带来的挑战，属于国别之间的地域性差异，而并非城乡二元结构所衍生出来的问题。从前述的欧盟统计数据来看，罗马尼亚的垃圾填埋率为82%（2014 年），远远高于欧盟平均水平的 28%，也可以看出其处理不规范性普遍存在于城乡，而并非单单是农村地区所特有的问题。同样，德国在“二战”之后也面临着城市人口激增，资源分配不均的情况。但政府着力以产业的“逆城市化”增加乡村就业机会，走出了一条以小城镇为主的城市化道路，通过空间规划和区域政策引导工业向小城镇布局，为“在乡村生活、在城镇就业”的人口迁移模式提供了可能，带动了乡村地区的发展（叶兴庆等，2018）。此外，政府积极推进土地整治，完善基础设施和公共事业建设。城乡的边界逐渐模糊，因为身在农村也可以一样拥有美好的生活环境，方便获得优质的教育与医疗、养老等公共资源。

除了结构性障碍外，环境问题也是个体的生活方式和政治、经济、价值观等众多问题的集合体。对此，不仅要考虑日常生活中的环境保护措施，还必须将环境意识与新价值观联系起来，并将其发展为社会行为。提高环境意识需要以身边熟悉的主题为切入点，尤其是让人们知道自己的行为对现在与将来产生的影响力。在德国的许多地方均有被称为“森林学校”的生态中心，为人们提供环境保护和环境教育的活动场所。在这里经常举办自然观察活动，通过五感的体验，让人们尤其是孩子可以切身体验自然（品尝、呼吸、倾听、赤脚走路、观察和触摸），从而培养人们丰富的感性。在慕尼黑的德国博物馆和动物园也经常开展环境教育项目，旨在帮助市民在体验环境的同时，学习如何保护环境的知识。德国的孩子进入小学时，便参加环境教育项目，并且每个人都会成为环境大使，充满信心地从事环境保护活动。

早在 1971 年，德国联邦政府发布的环境计划中指出，每个市民应通过行动来保护环境，并作为教育目标纳入学习计划。1980 年绿党执政时期更进一步推动了环境教育规划，督促各州学校和社区开展环境教育，并分发相关知识手册。联邦政府所推进的不只是环境知识的普及，而是从学校校舍与文具的环保性，到各社区的垃圾对策、节能节水等一系列的体系化学习与体验活动的推进，以变革整个社会的生产生活方式。

德国从 2003 年 1 月 1 日起，对一次性容器（罐、塑料瓶、玻璃杯）中的啤酒，矿泉水和碳酸软饮料开始征收押金。一次性容器的押金定为每件 25 分，远高于回收再利用的容器。当时的环境部长试图以该项政策促进民众使用低环境负担的可重复使用容器，减少高环境负担的一次性容器的数量。对此，大型啤酒公司、零售商连锁店等协会纷纷表示会引起“失业和饮料消费的减少”，并提起诉讼。但事实上，回收再利用容器的生产厂家的雇用量和饮料消费量都有所增加，市民对自己生活的不便也未有任何不满。大企业强硬主张的背后是瓶罐饮料的消费兴起，消费主力是年轻人，但德国饮料容器的押金制度得以顺利实施，原因就在于市民的意志没有被大企业的宣传所左右。相较而言，从前述的欧盟塑料治理战略出台后，相关企业协会非但没有抵制，而是纷纷表示支持的现状来看，德国乃至欧盟的整个社会思潮发生了根本性的转变。

日本学者（今泉，1997）曾对德国政府职员做过访谈，当被问到“为什么在德国能实施良好的环保措施?”时，联邦德国政府与地方政府的职员均表示，“德国人长期以来热爱森林，森林是生活不可分割的一部分”；“德国的土地面积比法国小，人口众多，因此容易受到环境破坏的影响”；“环境教育普及的成果，也是民众的努力，他们环境意识比较高，对新的环境保护政策较容易接受”。可见，虽然环境政策涉及人们生活生产的方方面面，但这个时代要求每个人都要为此付出相应的努力与成本，而只有以全面且深刻的环境教育为基础才能推动社会的变革。

垃圾问题所展现的是现代化生产生活方式难以永续的困境，超越这个困境需要极大的勇气与意志力。德国资源循环型社会的构建与运行，取决于市民与企业对不断出台的环境政策的支持。也正因为如此，垃圾治理政策需要对市民生活具有强大的嵌入性，以促进每个市民的参与。无论是垃圾的分类、堆肥、征收费用、容器的押金制度，实际上都是对现代化生活的便利性、快捷性的挑战。德国在垃圾问题上的转型并非一日之功，也曾一度为经济发展而破坏自然环境，引起诸如北海污染、酸雨的频繁发生、垃圾量的激增及焚烧产生的二噁英等环境公害问题。德国在环境破坏的阶段时，国民开始忧虑环境恶化的持续会导致生态体系的崩盘而无法生存，进而认识到人类保护环境的职责与道义。基于此而推行的环境教育，力图修正现代以来的发展主义思潮，促使人们认识到“生态非理性就是经济非理性，生态不是经济的附属物”这一基本理念。如今，德国的产业结构和社会结构已在向资源循环型社会迈进，这实际上是德国政府利用环境政策来增强下一个时代的国家竞争力。出于这一战略，德国计划 2022 年关闭所有核电厂，2038 年关闭所有煤电厂，2050 年关闭所有天然气电厂，目前占比 50% 的可再生绿色能源（太阳能、风能、生物质、地热等）逐步提高到 100%。为此，德国在法律上规定从 2023 年开始，所有新建筑物必须配置光伏系统，太阳能板要覆盖屋顶净面积的 30% 以上。这意味着普通国民要为此付出相比以往更大的生活成本，但与垃圾治理同样，环境教育的普遍开展已使得德国人对“只顾眼前利益与经济发展，等到有了余力再应对环境问题”这一思潮的彻底反思。对于企业来说同样如此，环境问题解决得越迟缓，负担会越大，其结果只会导致竞争失败，被时代所抛弃。

第四章　日本从“垃圾战争”到资源循环型社会的构建路径

一　垃圾纷争的社会史

（一）战后垃圾问题的恶化

赴日游客往往会艳羡日本的清洁环境，也会惊讶于其街道为何很少看到垃圾桶，在这里垃圾似乎有了隐形的能力。但从垃圾问题的爆发到隐形的路径迂回曲折，极为艰难，其日臻成熟的资源循环型社会的构建也绝不是一蹴而就的。正如日本环境省（2014）在总结日本的垃圾对策史时曾指出，虽然现在日本有着牢固的废弃物回收处理体系，但与现在众多的发展中国家一样，也曾面临着类似的课题。其背景是战后经济急速复苏与城市人口的集中，垃圾问题的恶化遂逐渐恶化。

当时的日本也大多采取的是粗放型的治理方式，垃圾被倒入河流和海洋，堆积起来造成公共健康问题，以及苍蝇和蚊子的爆发带来的传染病。垃圾的收集方式以人力车为主，其局限性在于不能应对垃圾排放的迅速增长。此外，装载垃圾的车辆行驶到焚烧场和垃圾填埋场时，垃圾在沿途的散落也造成了公共卫生问题。当时的清洁业务属于各市町村行政单位的职责，但是与国家、县和居民的协调机制尚未建立，随着清洁业务陷入僵局，市政当局的独角戏已无法应对垃圾问题的扩大。1970 年的“公害国会”全面修订了《清洁法》，并颁布《废弃物处置和公共清洁法》（《废弃物处置法》）以明确包括工业废弃物在内的全部废弃物的处理责任和标准，及完善废弃物处理的基本体系。根据该法，废弃物分为“工业废弃物”和“一般废弃物”（生活垃圾）两类，市町村政府仍负责一般废弃物的处理，而工业废弃物则由排放企业负责。该法除了将废弃物处理作为衡量公共卫生标准的一项措施外，其基本目的是“保护居民的生活环境”，努力解决污染问题。

20世纪80年代日本进入了泡沫经济与消费主义高扬的时代，废弃物的总量和种类进一步增多。包括出现了难以适当处理的废弃物，如大型家用电器等，以及商品容器和包装的使用也在不断地扩大，PET瓶（饮料塑料瓶）在这一时期开始普及。由于垃圾的激增，将可燃垃圾未经焚烧就直接填埋的事态接连不断，清运到最终处置场的垃圾量越来越多，处置场的剩余容量和使用寿命则相应大幅降低。从当时的最终处置场剩余使用寿命来看，大多数不到10年。而工业废弃物的最终处置场更低，只剩下一到三年，这表明日本垃圾最终处置场的处理能力已接近临界点。而最终处置场的建设，由于缺乏当地居民的同意，导致施工难以进行，特别是在大城市，最终处置场数量的紧缺已成为市政当局的重要课题。1995年关于垃圾问题的纠纷调查显示，在全国各地共发生368起，其中争议最大的为垃圾最终处置设施，达到279件，占全部纠纷的73%（田口正己，2003）。此外，非法倾倒垃圾的问题也开始恶化。如在香川县丰岛不法投弃的工业垃圾达到62万平方米，其中包含重金属铅、铬、镉和其他有害物质，对其治理需要大量资金的投入，日本政府根据《关于消除特定产业废弃物问题的特殊措施法》（2003年），向香川县政府提供资金加以处理。被污染的土壤等废弃物通过海上路径，从丰岛运到临近的直岛进行熔化处理。从日本全国来说，此类事件近些年来总体上处于下降的趋势，2006年全国被发现的10吨以上大型不法投弃案件为558件[①]，2014年降至

① 日本环境省：《産業廃棄物の不法投棄等の状況（平成17年度）について》，2006年11月28日，https：//www.env.go.jp/press/7743.html，2020年10月9日。

165件①，2019年为151件②，但并未根绝。

（二）东京的“垃圾战争”

如前所述，国土狭长、人口密度大的日本在战后的经济复苏时，除了工业污染的环境公害受到普遍的关注外，生活垃圾所带来的困扰及其治理经验同样不可忽视。各方经过几十年的努力，特别是垃圾处理设施的建设已有大幅改观，至2017年日本全国的垃圾焚烧设施共1103座，日处理量为180471吨；资源化设施1115座，日处理量26501吨；大型垃圾处理设施621座，日处理量22380吨；最终处置场1651座③。再加上资源循环型社会的构建，虽然未能全然消解生活垃圾所带来的挑战，但其总量已开始进入递减的时代。自20世纪60年代开始生活垃圾总量的急速攀升，至1985年已达到年4209万吨，此后增幅有所放缓，在1995年又升至5222万吨，于2000年达到峰值的5483万吨，而人均垃圾量也达到了每日的1185g（服部美佐子，2011）。此后由于一系列政策的出台，才终于进入连年递减的轨迹，至2011年回落到4539万吨，2017年再降到相当于1985年水平的4289万吨，而2018年的每日人均为918g④。仅从数据来看也显示出此过程充满了迂回曲折，而从社会史的角度来看，日本各地均出现过因生活垃圾所引起的社会纷争。如《垃圾问题纷争事典》（梶山正三，1995）中就详细记述了分布日本全国各地的12个典型案例，而《东北垃圾战争：漂流的都市废弃物》（河北新报报道部，1990）则针对遍布日本东北6县

---

① 日本环境省：《産業廃棄物の不法投棄等の状況（平成26年度）について（お知らせ）》，2015年12月28日，https：//www. env. go. jp/press/101759. html，2020年10月9日。

② 日本环境省：《産業廃棄物の不法投棄等の状況（令和元年度）について》，2021年1月8日，http：//www. env. go. jp/press/108861. html，2021年8月16日。

③ 日本环境省：《日本の廃棄物処理：平成29年度》，《東京23区のごみ問題を考える》，2019年4月8日，https：//blog. goo. ne. jp/wa8823/e/a780697a996b343a94b7a80aba70e54b，2020年11月25日。

④ 日本环境省：《一般廃棄物の排出及び処理状況等（平成30年度）について》，2020年3月30日，https：//www. env. go. jp/press/107932. htm，2020年9月30日。

的垃圾纷争进行了描述。这两本书中没有重合的案例，各自也无法网罗所有的纷争事件，可见日本垃圾纷争的普遍性与紧迫性。此外，田口正己的《现代垃圾纷争：实态与处理》（2002）与《垃圾纷争的展开与纷争的实态：实态调查与案例报告》（2003）也进行了典型案例的分析。而在众多的案例中影响最深远，也是促发人们开始思考该问题的契机是“东京垃圾战争”。

东京垃圾战争是指东京域内各区市之间由垃圾问题所引起的对立和冲突。特别是，江东区和杉并区在20世纪50年代末和20世纪70年代之间关于垃圾处理处置的纷争。时任东京都知事的美浓部亮吉在东京都议会上宣言要打响一场“垃圾战争”（1971年）后，该名称时常被用于此类问题的描述。

江东区自1655年的江户时代开始，一直是江户和现东京垃圾填埋的最终处置场。20世纪50年代中期，日本进入战后经济高速增长时期，日本政府的收入倍增计划出台后，生产生活方式更是迅速转变为大量生产、大量消费和大量废弃的模式。垃圾的激增和有害废弃物的产生，以及最终处置场的逼仄与处理场燃烧的煤烟等都将生活垃圾这一从未被重视过的问题推到了人们的眼前。

当时，东京都中心地带（东京23区）的垃圾处理由东京都政府清扫局负责，后因2000年《地方自治法》的修改，由各区所接管。东京与其他城市一样，垃圾处理的方式为焚烧或填埋，但是在20世纪50年代后期，各区内的填埋场已满，由此开始了填海建造垃圾填埋场。当时，垃圾处理厂的处理能力与工厂数量都不足以应对激增的生活垃圾，约有70%的垃圾未经任何处理被填埋。在20世纪50年代后期和20世纪70年代前期，主要的填埋场地位于江东区的梦之岛（第14号填埋场）和新梦之岛（第15号填埋场）。其他22区未经处理的垃圾和焚烧灰烬的垃圾车不断涌向江东区，1971年每日达5000辆垃圾收集车在区内运行，臭气熏天，垃圾所引起的火灾、交通拥堵和害虫问题引起当地居民强烈不满（杉並清掃工場，2011）。经媒体报道后，梦之岛等于垃圾之岛的负面评价成为舆论焦点，江东区一边承受着垃圾处置场的职能，一边承受着“垃圾之地”的污名。

在江东区的要求下，东京都政府决定在各区内均建造一座废弃物处理厂，并于1956年制定了《建设垃圾处理厂十年规划》。据此都政府开始在大田区、世田谷区、练马区及板桥区等地进行选址。其中，杉并区的选址位于8号环状线路旁的高井户地区。然而，该地区的居民以选址理由不透明，也未事先与当地居民进行沟通为由反对，迫使建设计划中断。对此，东京都政府根据1968年的《土地征收法》开启了强制征收程序，并于1971年5月结束其审议，东京征收委员会也通过投票。

另一方面，江东区作为东京都最终垃圾处理场的所在地，东京都政府曾于1957年建造梦之岛（填埋场14）时，承诺防止垃圾污染，以此获得施工许可，但实际上并未尽到防治污染的责任。1964年，在江东区建造新梦之岛（第15号垃圾填埋场）时，引发了当地居民的反对运动。东京都政府承诺在填埋完后将垃圾处理全部转为焚烧方式，但是由于杉并区垃圾处理场建造的中断，这一承诺未能兑现，垃圾填埋场的寿命不得不延长至1973年。对此，感到沮丧的江东区居民促使区议会于1971年9月27日通过了一项决议，声明拒绝区外垃圾搬运到江东区。江东区还向都政府和其他各区政府各送一封公开质询信，“是否同意自己区内的垃圾由你们区内的处理厂进行处理?”如果各区不同意，那么从即日起江东区将拒绝垃圾的输入。翌日，美浓信知事在东京都议会宣言打一场“垃圾战争”，并表明通过垃圾处理厂的分散设置来解决这一问题。1972年，美浓信知事转而强调与反对垃圾处理厂建设的居民进行对话，对杉并区没有采取强制征收的措施，撤回了建设计划，开始重新选址。同时与区政府官员和专家组成“都区恳谈会”以磋商选址。

该恳谈会在探讨候选区域是否合适时，包括高井户在内的每个候选地都形成了反对派，局势陷入僵局，显示出NIMBY（邻避效应）态势的普遍化。1972年12月，东京都政府计划在都内八个地方设立临时垃圾收集站，以应对新年假期的垃圾激增。1972年12月16日，杉并区和田堀公园附近的居民强行阻止了施工。对此，看到杉并区居民不积极配合解决垃圾问题的江东区于12月22日采取行动，江户区长小松崎军次指示阻止杉并区垃圾收集车的进入。

东京都政府当即承诺建造一个垃圾收集场地后，江东区于当天中午解除了封锁，但此项建设并没有在杉并区立即开展，以致在杉并区发生了与梦之岛一样的光景，垃圾无法及时处理导致该区内的发生恶臭、卫生条件恶化。随着媒体的大量报道，该争端一时间成为全国的舆论焦点。

包括高井户在内，恳谈会的成员不包括候选地的居民，1973年5月15日，由于反对选址的居民强行进入会议，导致江东区再次反弹，翌日，决定停止杉并区的垃圾搬入。在杉并区，另一个反对派的集会于5月21日举行，江东区于翌日再次阻止杉并区的垃圾车。此外，倾向于江东区的东京清洁工人工会抵制了杉并区的垃圾收集，该区的垃圾收集停止。为了应对这种混乱，1973年5月23日，恳谈会再次确定在高井户的工厂建设，并承诺在当年9月前解决江东区的问题，但没有按照规定的程序进行，以致事态没有任何进展。因此，从5月25日起中止封锁的江东区于10月1日再次发送了公开质询信，暗示将全面停止各区的垃圾填埋。为此，东京都政府根据恳谈会的报告再次决定杉并区高井户地区作为垃圾处理厂的建设用地。由于杉并区的反对派居民者拒绝，美浓部知事再次决定恢复强制征收程序，并要求东京征收委员会进行投票。反对派居民根据《土地征收法》，起诉要求取消征收程序。根据东京地方法院的和解劝告，双方于1974年11月21日庭外和解（柴田晃芳，2001）。

杉并区的垃圾处理厂于1978年开建，1982年竣工开始作业。2017年该厂由于设备老化重建时，在新工厂所在地开设了“东京垃圾战争历史未来博物馆”，旨在向后代讲述东京垃圾战争的历史，以吸取教训。

（三）垃圾处理设施的广域化问题

20世纪80年代，日本进入了后公害时代，逐渐摆脱了公害列岛的名号。但由于垃圾问题的特殊性，即每个人都成为既是加害者也是受害者，其解决的路径要求无论是政府还是市民或企业都要在垃圾这一现代性的考验中脱胎换骨。遍布日本列岛的垃圾纷争，特别是围绕垃圾处理厂建设用地的法律诉讼此起彼伏，在 20 世纪 90 年代达到了顶峰（梶山正三，1995；河北新报报道部，1990）。随着垃圾处理和回收能力的增强，以及国民环境意识的提高，围绕垃圾的纷争逐年降低，如东京垃圾战争般的激烈对峙已不存在。但到 2001 年为止，由日本民间组织“21 世纪思考废弃物恳谈会”针对全国 669 市的调查显示，依然有 20% 的地方正陷入垃圾处理设施的纷争当中，争议内容包括：垃圾焚烧设施 62.4%，垃圾最终处理厂 57.1%，再利用设施 15.8%，另外，对于燃烧设施的居民反对运动为 39%，对垃圾最终处理厂的反对运动 28%（21 世紀の廃棄物を考える懇談会，2001）。反对理由主要为：①临近住宅区；②临近学校或医院；③设施规模过大，应该先进行垃圾减量；④忧虑二噁英的污染；⑤信息公开不充分；⑥沟通不充分；⑦最终处理厂的安全性；⑧选址过程不透明；⑨地下水系的污染等。据统计，至 2002 年初日本全国围绕垃圾的纷争共有 1218 件，其中生活垃圾为 466 件，工业垃圾为 723 件，其他类型的有 29 件（田口正己，2002）。

这一时期纷争的主因是民众对二噁英的忧虑。当时，有媒体报道从日本国内垃圾焚烧设施的灰烬中检测出对人体有害的二噁英物质。之后，1994 年在京都举行的国际会议上，有专家报告了二噁英对母乳的影响，以及埼玉县所泽市垃圾焚烧设施周围土壤中也被检测出高浓度的二噁英，经媒体报道后进一步激发了民众对垃圾焚烧的关注。随之，一些焚烧设施周围居民的反对运动也有所增加，如茨城县新利根町居民提起诉讼，要求中止焚烧设施的作业，在大阪府能势町焚烧设施中的高浓度二噁英也激发了居民对焚烧厂的诉讼。反对者多以周边居民为主，充分体现出 NIMBY 的特质。尽管每个人都认同有必要建设处理设施，但却普遍反对在其居住地附近建造的这些公共设施，在日本这些设施被称为“妨害设施”或“厌恶设施”。从 20 世纪 90 年代中期开始，随着“废弃物处置广域计划”的开展而进行的垃圾处理设施的合并，也引起了争议的广泛化。

2000 年 5 月颁布的《循环型社会形成基本法》中所设置的政

策目标为资源循环型社会的构建，简而言之，这部法律就是如何促进社会整体应对垃圾的顶层设计。针对废弃物与再利用对策的优先顺序为：①抑制垃圾的产生；②再利用；③使用再生物品；④热能回收；⑤正确处理。抑制垃圾的产生作为根本性的对策，而焚烧及填埋处理则为不得已的最终手段。该法的成立，显示日本社会正式宣告从大量生产、大量消费、大量废弃的浪费型社会脱离的开始。当时，日本环境省的废弃物行政管理的重点为：①推动废弃物的正确处理；②废弃物的减量化；③回收再利用的推进；④二噁英的对策；⑤大都市圈的废弃物对策等。从当时垃圾处理不断引起社会纷争的现实来说，除致力于减量外，最有效的手段为焚烧厂的大规模建设，其产生的二噁英物质对策成为当时政策的重心。

由于小型焚烧设施不能抑制二噁英的产生，因此应依次整合市町村的小型焚烧炉，改为在高温下可进行大量处理的大型焚烧炉中进行焚烧。1997 年 1 月，日本政府制定了《防止与废弃物处理有关的二噁英产生的指南（新准则）》，并公布了一份废弃物处理广域化的计划，以此控制二噁英的产生，并对各地政府进行行政指导。各地在推进广域化计划时也并非一帆风顺。以宫城县为例，该县在废弃物问题对策本部下设“垃圾处理广域化研讨会”专门负责县内的计划开展。该研讨会由 16 人组成，县环境生活部长、副部长分别担任会长和副会长，其他成员由县市町村政府相关部门的负责人组成。在计划推行前，该会对县民进行了民意调查，并对各地垃圾处理设施进行了摸底调查，1997 年焚烧炉共有 31 座，但满足新准则要求的只有 11 座。因此，县政府将县内的市町村划分为 7 个大区，以实现垃圾处理的广域化要求，每区一座焚烧厂，每日可处理 100 吨以上的垃圾。预计可将县内二噁英的产生量由 1998 年的 44. 74g - TEQ/年，降至 2008 年的 2. 69g - TEQ/年，十年后再降至 1998 年产生量的 1%（清水修二，2002）。

日本全国各地的处理设施经过统合后，共有 416 个广域处理区，而日本全国市町村的数量为 3232 个行政区域，即每个垃圾处理区将负责 7—8 个市町村。虽然计划可以把当年最为热点的问题——二噁英的发生量降低，但据清水修二（2002）指出，基于统合所引起的问题有以下五点。

第一，原本市町村所负责的垃圾处理以辖地处理为原则。辖区内处理是20世纪70年代因东京垃圾战争所确立的处理设施的立地原则，之后成为被各地所接受的共识。由于垃圾处理的广域化要求与此前以市町村为单位的辖区处理原则相反，造成了新一波的反对运动。

第二，广域化处理设施的建立必然带来选址困难。如果依据辖区内处理原则，那么其居民也不得不妥协在自己的居住环境中允许垃圾处理设施的存在。然而，一旦进行广域化处理，有的地方成为垃圾搬出之地，而有的地方则成为垃圾搬入之地，从而加大了市町村之间的差异。设施愈大，临近居民对其厌恶感与危机感愈大，地域间的利害对立也随之发生。

第三，处理设施的大型化反而引起了垃圾不足的悖论。大型焚烧炉如果不能焚烧一定量以上的垃圾，就会引起其运转不足，对二噁英产生的抑制作用也会弱化。为维持运转率则必然导致尽可能多收集垃圾的讽刺性事态，也与上述基本法所设置的第一个优先事项——抑制垃圾的产生相背离。

第四，垃圾处理的广域化与此后进行的市町村合并之间同样产生了诸多龃龉。始于1999年的新一波市町村合并，其背景是强化地方分权体制，以及应对高龄少子化的问题。合并于2010年结束，市町村数量降为1727个。但此次市町村合与垃圾处理区并不一致，其重新调整的难度可想而知。

第五，大型处理设施降低二噁英的效果是否有效，以及针对小型处理设施的技术改良也可以降低二噁英的产生量等此类的技术性争端依然存在。

二　资源循环型社会构建的顶层设计

上述内容展示了一个社会在现代化进程中的负面图景——对激增的垃圾束手无策。自公害时代开始，虽然日本在对工业污染和垃圾问题的对应上已有了一定的进展，但是从20世纪80年代开始垃圾的激增与处理厂的不足，促使日本社会有必要做出整体性的变革，这就需要在政策上加大削减垃圾产生量的力度。进入20世纪90年代，日本在对策上逐步开启了资源循环型社会构建的顶层设计。1991年修订的《废弃物处置法》的目的中，添加了抑制废弃物的产生与分类回收（再循环）。但生活垃圾处理的难点还在于一件物品的零件往往集中了可燃烧的、不可燃烧的零件，以及可回收利用的资源，甚至包括有害的部分，加大了居民在日常生活中的分类难度，一部分居民将不可燃的部分混进可燃烧的垃圾中，以期一烧了之。除了居民的自觉外，商品生产方也需要做出更大的努力，变革制造业的生产过程（筒井敬治，2006）。为此，1991年还颁布了《关于有效利用资源的法律》（资源有效利用促进法），旨在促进有效利用资源、减少废弃物的产生，为保护环境而设计制造产品，以及对企业的自主回收与再利用体系的构建也做出了相应的规定。这一时期，多部关于回收再利用的相关法律法规相继出台，以进一步促进资源循环型社会的建立。在这些法律制度下，政府与企业积极合作，共同推进了回收技术的迭代更新，面向回收再利用体系建构迈出了关键一步。至2000年，为了脱离大量生产、大量消费、大量废弃的社会经济体系，日本国会通过《循环型社会形成推进基本法》（《循环基本法》），开始推行3R的生产生活方式——REDUCE（减少垃圾的产生）、REUSE（物品的反复使用）、RECYCLE（循环再利用），与废弃物正确管理等相关制度。该法明确规定了资源循环型社会是一个资源消耗小、环境负担小的社会体系。其建构还需要一系列具体的、可践行的政策来搭建其顶层框架。以下梳理了相关制度和政策的出台背景、目的及意义。

（一）资源循环型社会构建的制度体系

1.《循环型社会形成推进基本法》（2000）

脱离大量生产、大量消费和大量废弃的生产生活体系，通过3R的实施和垃圾的正确处理来降低废弃物的激增及最终处置场的短缺所带来的压力。为此，2000年通过的《循环型社会形成推进基本法》(《循环基本法》) 促进了一个以回收为基础的社会体系。该法阐明了一个资源循环型社会的基本理念，即资源消耗和环境负担的降低，以及资源循环处理的优先顺序与各主体（中央政府、地方政府、企业、国民）的职责。

该法第一次明确规定了资源循环的处理原则：①抑制垃圾产生；②再使用；③再生利用；④热能回收；⑤正确处置。以及每个主体的职责划分，垃圾排放主体的国民与团体肩负废弃物处理与回收再利用的责任。生产厂家从设计、制造到使用后的处理均需负责，即遵循的是“生产者责任的扩大（EPR）”这一理念。

2.《循环型社会形成推进基本规划》(2003)

由中央政府制定的《循环型社会形成推进基本规划》是根据《循环基本法》制定的全面促进与构建资源循环型社会相关的措施。

2003 年制定的第一份《循环基本规划》突出了一个以回收为基础的社会形象，例如慢生活的理念与环境友好产品的生产与服务。第二版《循环基本规划》于 2008 年修定，旨在进一步推动低碳社会及与自然和谐相处的社会建设，并根据地方资源条件提出“区域循环圈”的理念。在 2013 年的第三版《循环基本规划》中，除了着眼于迄今已推广的废弃物减量措施外，还着重强调了资源利用的质量，因为与回收（Recycle）相比，Reuse 和 Reduce 的进展需要进一步强化，同时需加强金属资源的回收与垃圾处理相关的安全和保障工作，以及 3R 的国际合作。

每五年出台一版新的《循环基本规划》来确保基于回收体系的社会建设，为了便于管理，将物质循环利用链的入口（资源生产率）、循环（循环利用率）、出口（最终处置率）分别设置了具体的数值目标。到目前为止，这些指标正在稳步推进，特别是第二个循环基本规划在 2015 年已完成，提前实现了循环利用率和最终处置率的目标。

3.《绿色采购法》(2000)

为了创建一个基于回收再利用的社会体系，不仅要致力于回收产品的供应，还需要消费者进行配合。产品和服务的购买者必须审慎思考自己的切实需求，并鼓励他们优先购买对环境影响最小的产品，即绿色消费。购买者对产品选择标准中的环境因素，会影响产品制造商的产品开发以及分销商的采购。为此有必要建立一个可以更容易获得环保产品的市场，并使之具有与常规产品相竞争的条件。日本包括中央政府和地方政府在内的公共支出占国内生产总值的20%以上，对社会经济有着重大影响。鉴于此，日本国会于2000年颁布了《关于促进国家等采购环境商品的法律》（《绿色采购法》）。该法规定了政府部门必须积极推进环境友好型商品的采购，并为此提供相关的信息。通过国家和地方政府主动的绿色采购，在绿色消费市场方面发挥领导作用，建立一个可以持续发展的资源循环型社会。

4. 《资源有效利用促进法》（1991）

为确保资源的可持续利用，20世纪90年代初日本就已制定了《资源有效利用促进法》（1991年）。该法规定3R理念践行的行业和产品，达10个行业和69种产品。要求企业在制造阶段和设计阶段均需制定切实可行的3R措施，对分类收集进行标识，建立企业自主回收体系。

但当时由于整体上的法律体系还未建立，配套措施不足，因此，直到2000年《循环基本法》以及下述更为细致化的，能嵌入到民众日常生活的法律出台后，资源的有效利用才有了质的飞跃。

（二）回收再利用的法制化

1. 《容器和包装回收法》（1995）

在日本，容器和包装废弃物约占生活垃圾的60%（体积），在重量上约占30%。容器和包装垃圾在技术上可以进行再利用加工，但现实是难以提高回收率。为了遏制容器和包装垃圾的产生并促进回收，需要开发一个政府、消费者和生产者都包含在内的新体系来减少垃圾总量。在此背景下，日本国会于1995年颁布了《关于容器和包装的分类收集和回收的法律》（《容器和包装回收法》）。

该法明确了消费者的分类排放、市町村政府的分类收集和企业再生利用的职责，是一个三位一体的法律框架。该法的一大特点是，在日本首次采用了扩大生产者责任（ERR）的理念，并对企业的回收再利用施加了物资和财务上的责任。

具体而言，消费者的分类排放是指居民根据市町村所制定的标准，将废弃物进行彻底的分类收集容器和商品包装。很多地方也在尝试通过消费者自带购物袋和商品简易包装来降低垃圾量。市町村行政部门负责从居民家中收集容器和包装等垃圾交给回收公司。此外，各地制订“单独收集容器和包装垃圾”的五年规划，以促进该地区容器和包装垃圾的彻底分类。并通过官民合作来共同减少垃圾的排放量。企业的回收职责是指，企业有义务回收本企业所制造或进口的容器和包装。通过该法，企业可以将回收业务外包给具有回收资格的公司。除了回收外，企业还必须在设计和生产阶段使容器和包装更薄、更轻，并促进消费者购物袋的收费化，以及使用可回收的容器来减少垃圾量。通过该法的实施，容器和包装废弃物的单独收集和回收都有所增加，普通垃圾的最终处置量也逐年减少，普通垃圾最终处置场所的剩余年限从颁布之时的 8.5 年（1995 年）大幅提高至 19.4 年（2011 年）①。

2.《家电回收法》(1998)

自战后经济高速增长以来，电视、空调、冰箱和洗衣机等家用电器已成为普遍的家庭必需品。这些家用电器作为大型垃圾一直被各地行政单位接管，但是由于体积大、重量大，难以妥善处理。尽管这些废弃的旧家电中含有大量的可利用资源，如铁、铝和玻璃，但由于难以回收，大部分被填埋。而且，废弃家用电器中含有破坏臭氧层的氯氟烃及其他重金属等有害物质。有鉴于此，1998 年通过的《特定家庭用机器再商品化》（《家电回收法》）旨在建立在新的回收机制基础上，对家电制造商和零售商施加了新的义务。该法要求零售商从消费者（包括经销商）手中接管产品，将其交付

---

① 日本环境省:《平成 22 年度容器包装リサイクル法に基づく市町村の分別収集及び再商品化の実績について》, 2012 年 3 月 27 日, http://www.env.go.jp/press/press.php? serial = 15022, 2021 年 9 月 9 日。

制造商等，再由制造商对产品进行回收再利用。而消费者则要在排放大型垃圾时支付收集运输费和回收费。根据产品回收类别，到2012年回收率分别为：空调92%；CRT电视75%；液晶/等离子电视89%；冰箱/冰柜80%；洗衣机/干衣机88%①。数据显示大型家电的回收再利用率已超过回收标准。

3. 《食品回收法》（2000）

日本消费者对食品鲜度有着过度偏好的倾向，因此会在生产和销售阶段就丢弃大量食物，在消费阶段也会产生大量剩余食物。这些食物垃圾本可以回收再用于化肥和饲料，但绝大多数还是被大量丢弃。废弃物处置层面上，最终处置场的剩余容量也逐年吃紧。因此，旨在有效利用食物资源，抑制食物垃圾产生的《关于促进食品资源再生利用的法律》（《食品回收法》）于2000年制定。该法规定了所有主体在减少食品垃圾量，以及可资源化食品垃圾的回收及其热能回收等基本事项。此外，通过具体措施促进与食品相关企业在批发、零售和餐饮阶段对食品资源的回收利用。根据该法，对生产以食物资源为原料的化肥饲料厂家实施注册制度，在食品企业、回收商和农民之间实施回收措施，以此获得的肥料和其他材料所生产的农产品，再由厂家加工为食品，形成一个回收循环（Recycle Loop）的认证系统，该体系应用于使用肥料、饲料生产的农牧产品和海产品。

关于各方主体的职责，具体而言，食品生产零售业的职责是在生产流通阶段减少食物的浪费，回收食物垃圾等资源。对于无法回收的食品资源，在加工过程中实施热能回收，以及努力减少食物垃圾量。民众（消费者）的职责是改善食品购买和烹饪方法来抑制食物垃圾的产生，积极使用可再生利用的产品。在这个体系中，作为食物残渣的排放者，食品厂家与流通者在回收再利用方面发挥核心作用，需要做出具体的规划来对应新的情况。而再生利用者是食物资源的利用者，是将厂家与肥料饲料等用户连接起来的主体。农

① 日本财团法人家電製品協会：《家電リサイクル年次報告書平成24年度版》，2013年7月，https：//www.aeha-kadenrecycle.com/report/，2021年7月10日。

林渔业的从业人员，利用食物废料的资源进行生产活动，再向加工厂家提供所得的农牧渔产品，以确保生产与食品消费之间的资源循环。自2000年该法颁布以来，食品资源的回收率一直在稳步提高，到2010年已达到82%①。尽管食品制造行业中的循环利用率很高，但食品流通的下游产业，如食品分销、餐饮业的利用率还有待提高。

4. 《建筑回收法》(2000)

建筑工地产生的大量建筑废料，例如混凝土块、沥青木材等，约占工业废弃物总量的20%（1995年），约占非法倾倒量的70%（1999年）。此外，随着建筑物重建潮，导致最终处置场的不足和建筑废料的激增，也引发了处置不当的恶化。在这种情况下，从确保有效利用资源的角度出发，于2000年制定的该法，以促进建筑废料的回收再利用。该法涵盖的建筑材料，如混凝土、沥青、木材等的拆除、建筑废料的回收再利用，涉及建设的全过程，如承包、设计、建设、拆除等阶段各方主体的主要职责。通过该法的实施，建筑废弃物回收量由1995年的58%，该法生效的2000年达85%，至2008年为93.7%②。

5. 《汽车回收法》(2002)

汽车很大一部分为金属物质，因此回收总重量可达80%，其余20%主要作为碎屑（在拆解和粉碎后残留的塑料废弃物）填埋。由于最终处置场的紧缺，以及处置费用的增加，引起了对报废车辆的非法倾倒和不当处置。而且拆卸汽车时，安全气囊的正确处理难度较大。为此，2002年颁布的《报废汽车再资源化法律》(《汽车回收法》) 规定，汽车制造厂家应回收并再利用汽车中所含的三类难以处理并导致非法倾倒的物品（碎屑、氯氟烃和安全气囊），积

---

① 日本农林水产省：《食品循環資源の再生利用等実態調査報告》，2012年11月22日，https://www.e-stat.go.jp/stat-search/files?page=1&layout=datalist&toukei=00500231&tstat=000001015650&cycle=8&year=20101&month=0&tclass1=000001032628&tclass2=000001055701，2021年3月7日。

② 日本国土交通省：《平成20年度建設副産物実態調査結果について》，2010年3月31日，https://www.mlit.go.jp/report/press/sogo20_hh_000012.html，2020年8月5日。

极推进汽车的回收和正确处理。另外，旧车的处置费用作为回收费由车主承担。汽车制造厂家针对碎屑的回收率，由2004年的50%左右，上升到2011年90%以上，而安全气囊的回收率维持在92%—100%[①]。

6.《小家电回收法》(2012)

小型家用电器（手机、数码相机和音乐设备等）含有许多有用金属，如铁、铝、铜及贵金属，但是除铁和铝以外的大多数都被填埋而没有被回收。日本一些不法垃圾收集业者在收集后，对其进行了不当处置，有的被卖到了国外。小型家用电器也包含铅等有害金属，因此需要正确处理。为了有效利用和妥善处理小家电中所含的有用金属，2012年日本制定了《关于促进废旧小电子设备回收的法律》（《小家电回收法》）。该法要求有关各方（消费者、企业、市政当局、零售商、经认证的回收企业等）应合作并制定自愿回收和再利用等方法，以实现多种形式的回收。小型家用电器具有资源特性，如果各方通过合作可以进行广域的高效收集，即可以确保利润的同时，也可以回收资源。

根据该法的回收机制，①消费者将废弃的小家电按照其居住地所指定的收集方法，进行分类投弃。工厂业务用的废旧小型家用电器将作为工业垃圾交付经认证的回收企业。②市町村收集废旧小家电，再移交给经认证的回收企业。③回收企业将废旧小家电拆解并压碎，把金属和塑料分类，然后交付金属冶炼厂。④金属冶炼厂将被拆解或粉碎的金属和塑料进行再生加工。⑤再生后的金属作为原材料使用。这样，从消费者那里收集的小型家用电器最终作为产品再次回到消费市场。

7.《塑料循环资源战略》(2019)

欧盟于2018年出台了塑料制品及其垃圾的治理战略，同年日本在《第四次循环型社会形成推进基本计划》（2018年）中明确

---

① 日本经济产业省、环境省：《自動車リサイクル法の施行状況（平成24年度）》，2013年8月7日，https://www.meti.go.jp/shingikai/sankoshin/sangyo_gijutsu/haikibutsu_recycle/jidosha_wg/pdf/031_03_00.pdf，2020年8月9日。

表明日本需要制定“塑料资源循环战略”以应对塑料垃圾的危机。根据该计划的要求，2019 年日本政府正式推出的《塑料资源循环战略》指出，由于资源的有限、废弃物的增多、海洋塑料垃圾的危机，以及全球变暖与亚洲各国废弃物进口的限制，日本有必要实行基于 3R + Renewable（可再生资源）为基本原则的综合塑料资源循环战略。并表明，通过该战略的展开，在解决国内围绕塑料资源和环境两方面课题的同时，将日本模式的技术革新与环境基础设施扩展到全世界，为全球规模的资源、废弃物和海洋塑料等问题的解决做出贡献，并通过资源循环相关产业的发展，推动经济发展与雇佣机会的创造，使其成为新的发展动力。这意味着与欧盟一样，日本也将该战略定位于全球环境治理的一环，试图在国际社会围绕塑料垃圾对策的讨论中提供日本的标准与经验。可见，塑料垃圾的治理将成为下一个时代的推动国家发展与竞争力不可或缺的一面。

战略中明确了以下基本原则：①合理化一次性塑料的容器、包装与产品的使用，彻底减少资源浪费；②在提高可持续性的前提下，将塑料的容器、包装与产品的原料适当地转换为可再生材料和可再生资源（纸类与生物质塑料等）；③塑料产品尽可能长期使用；④使用后，通过有效、高效的循环系统，以可持续的形式进行彻底的分类回收，实现循环利用。因技术性或经济性的特点难以实现的情况下，通过热能回收再利用。特别是可燃垃圾的收集袋等，不得不进行焚烧时，最大限度地使用碳中性的生物质塑料，并进行热能回收。以上，无论哪一种情况，都要考虑经济和技术的可能性，同时确保产品和容器包装的功能（安全性和便利性等）。另外，对于海洋塑料垃圾等问题，该计划表明，防止陆地的塑料流入河川、海洋等公共水域，以上述原则实现海洋塑料零排放的目标，彻底消灭非法丢弃行为的同时，推进清扫活动，防止塑料流入海洋。

主要目标包括：①2025 年在塑料的容器、包装、产品的设计与功能上实现容易分类、容易回收或可再利用的产品；②2030 年一次性塑料（容器包装等）累计抑制 25%；③2030 年实现塑料的容器、包装 60% 的削减或再利用；④2030 年最大限度（约 200 万吨）引入生物质塑料；⑤2030 年塑料的再生利用（再生素材的利用）倍增；⑥2035 年所有使用过的塑料，包括热能回收的方式在内进行 100% 有效利用。

依据该计划起草的《关于促进塑料相关资源循环等的法律草案》已于 2021 年通过内阁决议，并交由国会进行审议。该草案除了表明上述的理念外，界定了国家（中央政府）、地方各级政府、企业等团体、国民的各自职责与义务。

（三）各主体的职责分担

为了创建一个基于资源循环利用的社会体系，中央政府、地方政府、企业等团体、民众等都需要认识到《循环基本法》中所规定的各自角色，并切实践行 3R 的理念。对于废弃物的处理，重要的是每个主体都应履行其职责，在各自发挥其基本职能的基础上再统合起来，共同构建资源循环型社会。《废弃物处置法》中明确规定了各方主体的职责。

1. 国家（中央政府）

收集和整理全国的废弃物信息，制定法律，促进技术发展以及向各地方提供技术和财政援助等基本的综合性措施，以便其他主体可以履行其职责。除了相关政策的制定与执行外，中央政府为了与国民、民间企业一起促进垃圾排放的削减，1992 年 9 月举行了“第一次促进减少垃圾的全国大会”，以交流有关减少垃圾的知识和意见。从 1993 年开始，每年 5 月 30 日开始的一周被指定为“垃圾减量推进周”，通过电视广播和各种活动激发民众对问题的认识。

此外，自 1993 年以来，作为“垃圾减量综合战略”的一环，在中央政府的主导下，通过对市町村的财政补贴以促进各地区的垃圾分类收集和居民集体收集，达到整个社区的废弃物的削减和回收率的提高。同时，中央政府为推进社区垃圾总量的减少与再生利用，对废旧物品的修理与再生品的展示设施提供资金补助。并表彰致力于减少垃圾排放与建立循环型再利用体系的先进城市，给予其“清洁和循环利用的城镇”的称号，以增加各地推动循环型社区的建设步伐。

2. 各级政府

都道府县级别的政府向负责处理生活垃圾的市町村提供必要的技术援助，以便于其履行职责。掌握该区域的工业垃圾状况，对工业垃圾的正确处理进行规划、对当事企业提供指导和监督以确保废弃物得到正确处理，审查废弃物处理公司的业务能力与颁发许可。市町村级别政府负责该地区生活垃圾的处理，实施所制订的处理计划。此外，为减少该地区的生活垃圾，促进居民的自愿活动，探讨相关措施以应对生活垃圾。

1991 年在修订《废弃物处置法》时，各地方政府已经开始与居民及企业合作，积极推动回收利用。如东京都政府于 1989 年 6 月发起了一场名为“TOKYO SLIM”的活动，旨在加深东京居民对日益严重的废弃物的认知，并促进居民对减少和回收废弃物的参与。“TOKYO SLIM”首先在城市轨道交通沿线的主要车站张贴海报，并陆续在东京各地举办专家对谈及商店垃圾减量等活动。1990 年 3 月，在东京巨蛋棒球场举行名为“TOKYO SLIM IN DOME”的活动，将活动推向了顶峰，参与和参观人数超过了 50000 余人。该活动邀请媒体，将回收的理念传播给参加活动的人们及其他群体。此后，该活动在东京每年举行一次，众多的企业和消费者团体参与，展示自己的减量和回收成果，每年参观人数皆有数万之多。

1991 年 1 月“东京垃圾问题协会”成立，由东京居民、企业和政府共同组成，旨在推进废弃物的减量和回收利用。由 11 名东京居民、24 名企业人员及 7 名政府职员组成的会议上，制订了《垃圾减量行动规划》，并促使政府开设废旧物品的回收集市，以及为宣扬“自带购物袋”口号而开展的形式多样的市民活动，其中的“My Bag Campaign”逐渐使 3R 的理念在东京居民的日常生活中扎根。

3. 国民

作为生活垃圾的排放者，国民通过使用可回收产品来促进废弃物的回收，并致力于减少垃圾的产生与分类，积极配合国家与各地方的政策实施。

20 世纪 70 年代后期，在沼津和广岛率先进行了垃圾的分类收集，并于 20 世纪 80 年代末扩大到全国范围内。20 世纪 90 年代以来，从提高资源垃圾的质量和降低分类成本的角度出发，社会各界普遍达成了“从源头进行分类最为有效”的共识，相应的各项法律政策也陆续出台，其中的一个重点就是居民的配合行动。为此，每个市町村的行政单位都制作了传单和手册，以插图等易于理解的方式解释如何分类和处理垃圾，分发给每家每户。地方政府职员还会定期为居民举办现场说明会，介绍分类方法及其缘由和相关法律政策的知识。针对外国居民，各地制作了多个语言版本的指南，以及举办专门针对外国人的说明会。

同时各地也在推行集体收集活动，居民在当地社区组成志愿者团体，例如町内会（居委会）、居民协会和志愿者，在特定的日期和时间统一从各家各户收集空瓶子和罐子、废纸、纸板等资源垃圾，再转交给资源回收公司。集体收集方式可以减少地方政府的回收工作成本，并且回收公司也可以进行有效收集，降低收集成本。对于居民来说，收集日期的固定有其优势，更容易做好家庭资源垃圾的清理，也加强了居民之间的沟通和连接。为此，市政当局大多建立起社区集体收集的补贴激励机制，以此降低居民生活的浪费与建立可持续社会的参与渠道。

4. 企业

通过前述的各项法律对企业生产的环境行为施加多方限制。规定各企业有责任妥善处理业务活动所产生的工业废弃物，风险自负。同时，还需要致力于通过回收利用来减少废弃物量，可将其委托给其他民间处置公司，以进行正确的处理。此外，企业在设计、生产阶段就应该开发容易回收再利用的产品，并提供相应的处理方法和信息。

三　东京循环型区域的构建规划

作为一个人口超千万级的大都市，如前文所述东京的垃圾处理曾引起过激烈的居民纷争，虽然现在没有当年的激烈对抗，但是问题并未完全消解。因此，东京都政府制订了详细的计划以推进“世界一流的环境先进都市”，即循环型区域的建设。

（一）东京垃圾问题的概况

日本每年消耗约13.6亿吨自然资源，其中60%依赖进口，可循环利用资源量约为2.4亿吨，仅占每年自然资源的20%。东京的人口约占日本全国人口的10%，但2012年东京的总支出约占日本全国的19.4%。同时，东京消耗由其他地区提供的大量资源，并且大公司总部也大多集中在此。因此，东京对于日本的可持续资源利用具有无可比拟的影响力和责任。

东京都政府在国会各项法规制度成立后，要求各区市町根据如《容器和包装回收法》《小家电回收法》等法律法规，通知域内的企业与居民，制订切实可行的行动规划。此外，东京都通过技术的改进，将垃圾焚烧后的残渣由以前的填埋改为回收再利用，如作为水泥原料等。2000年，东京的生活垃圾约为548万吨，通过收集收费化与回收再利用的举措，降到2012年的458万吨，约16%降幅，资源化垃圾的总量达106万吨，再生利用率为23.2%（全国为20.5%）。再通过无纸化的推进，人均垃圾量957克/日，与2000年（约1208克/日）相比减少了约21%。经过分类、回收再利用后，生活垃圾最终处理量2012年为360000吨，比2000年约990000吨减少约64%。东京的工业垃圾，2012年的排放量为2357万吨，比2000年减少了约6%，其中建筑垃圾为817万吨，占83.5%。在建筑垃圾中，污泥为244万吨（占建筑垃圾的29.8%），碎屑为477万吨（占建筑垃圾的58.3%），这两种类型占建筑垃圾的88.1%，回收量为719万吨，回收率为30.5%。除去高水分的污泥，回收率达到了84.5%，而再生利用率为30.5%，达719万吨，最终处置量为88万吨，比2000年的232万吨减少了约62%①。目前，生活垃圾和工业废弃物的最终处置量基本处于持平的状态，但20世纪70年代的建筑物重建，以及20世纪90年代建筑物的翻新时代已经到来，再加上城

---

① 东京都政府：《23区清掃一組「清掃事業年報（平成25年度）」の公表》，2014年08月26日，https://blog.goo.ne.jp/wa8823/e/8ed6bcdd301b1d651047c167c63cdc70，2017年8月5日；《東京23区一部事務組合清掃工場等作業年報》，2014年10月10日，https://blog.goo.ne.jp/wa8823/e/616ee3c7dc8233fe393dc41a8383f3e5，2017年8月5日。

市基础设施，2020年东京奥运会比赛设施和运动员村，以及中央新干线的建设和地铁的延伸等等，都将增大工业垃圾的处理压力。

（二）治理规划

联合国大会于2015年9月通过的可持续发展目标（SDG）中的目标12为“确保可持续的生产和消费方式”。据此，东京都政府颁布了《东京都资源循环及废弃物处理规划》（以下简略为“规划”），致力于到2030年把东京建设成“世界一流的环境先进都市”。推进资源损失的减少和回收利用，提高资源化效率，使资源的一次性利用转变为可循环利用，实现社会对物品长期使用的目标。低碳、环境友好和可循环使用的产品及服务的积极选择、制造和提供，降低每个市民在各自的生命周期内对环境的负面影响，特别是认识到自己对再生资源利用的责任。

为此，该规划将致力于回收和垃圾处理体系的完善。第一，不依赖垃圾填埋场，最大限度地利用废弃物能源，尽最大努力延长最终处置场作为基础设施的使用寿命；第二，对垃圾进行适当的分类、存储、收集、运输、处置等，消除影响当地居民生活和自然环境的因素，同时推进技术革新，运用最先进的技术加以处理；第三，建立降低环境影响和社会成本的垃圾回收处理系统；第四，即使在超高龄化社会中，行政单位也要提供高龄居民易于参与的垃圾处理服务，即处理体系的合理化，以实现有效的收集、运输和处理，从而更容易获得垃圾排放者的配合；第五，如有灾害发生，及时处理灾害废弃物，将有助于恢复和重建。为推进该规划的顺利进行，东京都政府制定了多方主体共建的框架。

1. 与先进企业的合作：实施示范项目，以获得资源可持续利用的经验教训，再向其他企业传播、指导。

2. 与静脉产业的合作：负责回收和垃圾处理的企业对于资源循环型社会的建设有着举足轻重的作用。东京都政府通过第三方评价制度，对“优良废弃物处理企业”进行认定，以促进静脉产业的良性发展。同时在发生灾害时，将寻求相关行业的合作以建立支援体系。

3. 与居民及NPO/NGO的合作：为了进一步加强与东京居民

及非政府组织/非营利组织的合作，使可持续利用资源的行动扎根在每个居民的日常生活中。利用媒体，有针对性地进行宣传活动，提高公众环境意识，鼓励人们改变既有的生活方式。此外，通过与NGO/NPO的合作，传递相关信息，以及通过消费者教育、学校教育等方式推动市民意识的提高。

4. 与各区市町村行政部门的合作：在资源循环利用领域，与各区市町村部门的合作尤为重要。在相互角色的认知与尊重的前提下，建立一种基于平等的合作关系。2015年3月，东京都政府已与各区市町村政府共同组建了商议联络会，垃圾问题也成为此会的讨论重点。东京都政府还积极参与优化回收和垃圾处理系统，例如促进废弃物管理方面的广泛合作，并对废弃物发电给予技术支持。同时，东京都政府有义务领导各区市町村来促进循环利用及垃圾处理体系的合理化。

5. 与其他地区的广域化合作：重视东京都与各地的合作，通过相邻的九个地区（崎玉县、千叶县、东京都、神奈川县、横滨市、川崎市、千叶市、崎玉市、相模原市）所组成的废弃物问题管理委员会来推广3R理念。此外，通过由32个地区共同组建的“防止产业废弃物不恰当处理的广域联络协议会”，对工业垃圾的跨区域移动进行监督管理。

6. 与国家的合作：与中央政府各部门合作，对实现资源可持续利用回收处理体系的合理化提供建议。

7. 与海外城市的合作：通过与海外城市的交流，共享“资源可持续利用”的知识和经验。积极传播和提供东京所掌握的技术和知识来促进国际合作。此外，奥运会和残奥会的举办实行循环再利用体系，并以此为参考系，为东京资源回收体系的建设提供相关经验。

（三）主要对策

1. 降低资源损失：减少资源损失，提高资源利用率。避免浪费食物，促进容器和包装的减量，降低一次性的资源损耗。减少食物损失不仅是因为餐厨垃圾占据可燃垃圾很大一部分，而且还因为东京作为发达国家的大都市，有责任为履行联合国可持续发展目标的实现做出应有的贡献。为此，将示范项目所取得的成果推广到东京居民和企业，以此使东京的可持续发展事业更具意义。东京都政府积极与食品银行（Food Bank）等组织展开合作，将那些没有质量问题却被丢弃的食物，分发给有需要的人士。也将继续与餐饮业合作，推进餐碟小型化，少人数用餐菜谱的开发及光盘行动，促使改变家庭和商店的消费习惯，减少食物损失。与先驱性的企业及地区的合作来共同推进此项事业。同时，为减少食物损失，降低学校午餐和公司食堂的剩菜和食物未食用的比率。

2. 一次性物品使用习惯的变革：促进资源的可持续利用，重要的是从自己熟悉的地方重新思考一次性物品的使用习惯，转变为再利用和长期使用的消费习惯。同时与周边县市合作，减少容器和包装的垃圾量。为此，东京都制定“指南”来减少一次性产品的使用，以鼓励在东京举办的大型活动中使用可重复利用的容器。并且通过由都内所有区市町村、销售业协会等团体，及NGO/NPO等共同组建的协议会，推进购物袋收费化的举措，来促使东京居民重新审视现有的生活方式，倡导无资源损失的消费习惯。对此，东京都政府将加强信息传播，开展有效的公共活动，推动市民生活方式的改变。

3. 降低纸资源的消耗：2013年，日本人均纸张消费量为214.6千克（A4纸5厘米厚左右），处于世界最高水平，但可燃废弃物仍包含约30%的纸张。因此，有必要提高对如何使用纸张资源的认识，尽量采取减少传单，使用电子邮件等方式，提高人们对森林资源的认识。

4. 家庭生活垃圾的收费化：在东京已有26个地区开始了生活垃圾收费制度。收费化是促使人们抑制垃圾量的一项举措，形成避免购买容易成为垃圾物品的动机，从而购买可长期利用的产品。同时，也有助于消除对3R理念的践行居民与非践行居民之间的不公平感。东京都政府将继续鼓励尚未采取家庭垃圾收费制度的区市町村，尽快通过收费化的议会决议，以降低垃圾的产生量。

5. 区市町村回收体系的完善：关于生活垃圾的治理，东京都政府尊重各区市町村的努力，通过共享信息来面对共同的课题。因此，将进一步促进各地采取有效措施，深化垃圾的可资源化回收。

第一，关于包装和容器的回收，推动各地区的有效分类和收集；第二，废旧小家电含有多种贵重金属被称为“都市矿山”。东京都将最大限度地活用这些“都市矿山”，确保居民投弃机会的多样化来增加回收量，并支援正确的再生利用。

6. 延长垃圾最终处置场的寿命：未来难以保证有一个新的垃圾填埋场空间，需要更谨慎地使用现有的垃圾填埋场，延长其使用寿命。第一，关于垃圾焚烧残渣，改变既往的填埋方式，转为再生利用。各地区现已开展了将焚烧后的灰渣从普通填埋转化为水泥原料，并通过熔融工序使其转变为土木工程材料，有助于减少最终处置量。为进一步促进生态水泥的使用，原则上，东京都政府所委托的工程中都要使用生态混凝土产品，同时调查研究灰渣再生利用的技术，并进行广泛的宣传，支持该行业的发展。第二，东京都所管辖的垃圾处理场进行相应的改革。最大程度降低垃圾填埋场对环境的影响和维护的负担。根据 2016 年修订的垃圾填埋场规划，有计划地使用，并延长其使用寿命。稳步实施环境措施，净化处理垃圾填埋场中渗透的液体。此外，为了进一步减少垃圾填埋场的数量，东京都与各地区合作，告知居民垃圾填埋的现状和问题，并鼓励他们采取有助于减少垃圾的行动。

7. 针对垃圾排放者的帮扶：垃圾处理过程和资源回收过程中防止非法倾倒和不当处置，以免发生环境污染。为此，有必要提高垃圾排放者——东京居民的认识，以履行相关责任。第一，在废弃物的处理和回收中，为降低环境风险，确保正确处理，避免将水银、PCB 塑料物品等有害物质投放到环境中。东京都政府将对有害垃圾的保管、处理监督审查，并进行技术上的支持，提高相关责任人的认识。第二，东京都政府为分类收集和回收设施等提供技术支持，以便各地区可以进一步合理化垃圾处理体系。政府将继续推动生活垃圾会计核算基准的导入，以及深化再生资源的利用，为危险垃圾的管理措施和垃圾处理设施的优化提供技术支持。特别是，重建废弃物处理设施时，为确保垃圾处理体系的稳定性，将通过建立广域互助的体系来进行调整。第三，在老龄化社会和人口下降的情况下，家庭垃圾的处理体系和行政服务面临新的问题，如遗物的整理与废旧物品的回收。因此，有必要构建一种不给老年人造成负担的处理方法。具体而言，遗物中的废旧物品、搬家所产生的垃圾、居家医疗产生的医疗垃圾等都对现有的垃圾处理体系提出了新的课题。东京都与区市町村合作，共享先驱性案例的经验和信息，交流意见，来构建适合超高龄化、人口减少社会的垃圾处理体系。取缔不法回收业者，促使各地自主性地采取有效措施。同时，居家医疗所产生的垃圾，各地需要与药剂师协会等团体商议处理费用的支付方式。第四，2020年东京奥运会，将有大批游客来访，届时需要在公共场所清晰地展示东京的垃圾处理规则、方式和资源回收计划。此外，促进东京主要市区公共空间美化，与各地政府及运营商合作，创建一个清新的都市空间，有助于提高东京居民的环境意识。

四　上胜町的“零垃圾运动”——垃圾治理的终点[①]

有别于中国的城乡二元体制，包括日本在内绝大多数国家并没

---

① 本节基于下列文献资料整理而成：

（1）上胜町政府：《ごみ・リサイクル》http://www.kamikatsu.jp/category/bunya/kurashi/gomi/，2021年9月1日。

（2）上勝町：《持続可能なまちづくり　ゼロ・ウェイストタウン上勝の取り組み》，2019年10月1日，https://www.platinum-network.jp/pt-taishou2019/doc/kamikatsu.pdf，2020年11月12日。

（3）日本总务省：《ごみゼロを目指したリサイクル、リユースの推進》，https://www.soumu.go.jp/schresult.html?q=%E4%B8%8A%E5%8B%9D%E7%94%BA#gsc.tab=0&gsc.q=%E4%B8%8A%E5%8B%9D%E7%94%BA&gsc.page=1，2020年3月6日。

（4）藤本延启：《徳島県上勝町における廃棄物政策の歴史と「34弁別」の背景》，《廃棄物資源循環学会研究発表会講演集》，2012年第23期。

（5）Ayano Hirose Nishihara，“*Social Innovation by a Leaf-Selling Business: Irodori in KamikatsuTown*”，*Knowledge Creation in Community Development*. Vol. 31，August 2017，pp. 129－147.

（6）大泽正明、野々村山聡：《上勝町：ゼロ・ウェイスト・葉っぱビジネス・教育ツーリズム》，《月間廃棄物》2019年第6期。

（7）菅翠：《みんなで協働し、ゴミゼロの町へ：上勝町ゴミゼロ（ゼロ・ェイスト）宣言》，《特集「官と民」、そして連携のあるべき姿》2019年第9期。

有采取此类的差异化区隔。但在现代化的进程中，相较于城市，如日本农村的老龄化、过疏化问题更加突出，在资金上与技术上也大多处于不利的局面。但即便如此，日本德岛县上胜町竟然走出了一条“零垃圾”的道路，在垃圾问题日益恶化，对其处理争议甚嚣尘上的情况下，作为一个偏远山区的上胜町成为日本垃圾治理的桃源之乡。上胜町位于日本德岛县中部的山区，面积 110 平方公里，老龄化率近 50%，总人口已由 10 年前的 2000 人左右低至 2020 年的 1510 人，共 757 户。如今，每年约有 4500 人光顾当地，其中一个目的就是为了当地的零垃圾运动而来。垃圾分类从最初实行时的负担压力，变成了上胜町人独特的生活方式，精细的分类已经成为最稀松平常的事。上胜町能够成为日本垃圾治理的先行者，很多人认为这是因为小城镇的优势，以及当地居民的环境意识高或道德约束力强。但日本学者藤本延启（2012）指出，当地所采取的“自带方式”（居民自行带到垃圾收集站）及因此应运而生的再生物品商店（Kurukuru Shop）等措施为居民的垃圾处理搭建了一个回收再利用的体系。因此，本节根据文献资料介绍该体系诞生的历史背景，以及其运作机制，从中可以看出垃圾治理不能只是简单地让居民进行分类或收费，而是政府如何搭建一个回收再利用的框架，使之与居民日常生活相互嵌入的措施更为关键。

（一）生活垃圾问题的凸显

20 世纪 90 年代初期，德岛县政府曾要求上胜町停止在野外焚烧垃圾，但町政府无法拿出足够的资金来设置焚烧设备和垃圾清运。町内会不得已开始摸索建造焚烧设施之外还有没有其他方法来对应垃圾问题。首先是确认当地的垃圾有多少，并商讨回收的方法。调查结果表明，垃圾中有 30%（按重量计）是含水分较多的餐厨垃圾，必须在高温下进行焚烧才能处理，这样就会增加燃油成本。因此，上胜町决定所有家庭都将餐厨垃圾进行堆肥处理，大多数家庭都有农田和花园，可有效利用于堆肥作业。自 1991 年，当地给予农户电动堆肥装置购买补贴，这样老年人也可以轻松地进行堆肥处理。但当时制造电动堆肥器的厂家有限，并且需要一直购买制造商指定的特殊微生物才能进行处理。町政府遂在兵库县发现某大型电器厂家正在开发一款使用广叶树上自然附带的普通微生物就可以处理的堆肥器。1995 年与该厂家签订协议，町内会补贴加上町民自己支付一万日元就可以购买该设备。目前，在居民的配合下，上胜町堆肥处理器的普及率已达到 98%，没有使用堆肥的农户则直接在田地进行堆肥。该地的商业设施也使用业务用电子堆肥器，餐厨垃圾的回收率已达到近 100%，已无必要由行政单位负责回收。对于町民来说，不必等待收集日，堆肥还可以在家中使用，更加便利、卫生。如今日本各地，尤其是农户的居家堆肥已逐渐普及，上胜町的举措起到了先驱性的影响。

餐厨垃圾可以进行堆肥，但依然要面对其他垃圾的处理问题。特别是 1995 年颁布的《容器和包装回收法》，要求自 1997 年起，分阶段实施居民对玻璃瓶和塑料瓶的分类，政府收集后，交由企业进行回收再生。借此契机，上胜町开始调查是否还有法律规定之外的可资源化的垃圾，并于 1997 年开始实施分类。町内会的职员在全国范围内寻找回收公司，商议 19 类垃圾的回收，并进入町内 55 个村庄反复讲解 19 种垃圾的分类方法，以获得村民们的同意。此后，垃圾回收公司的数量增加，1998 年达到有 25 家，垃圾也被分为 25 类。但是，生活中产生的垃圾总会出现回收公司拒绝回收的种类，因此购买了两台小型焚烧炉，1998 年在野外焚烧的垃圾处理方式终于退出了历史舞台。

（二）垃圾分类的措施

垃圾的野外焚烧地位于一个叫作日比谷的地方进行，此后成了资源垃圾收集站“日比谷站”。垃圾由町民自己带到此处，该方法之所以成为可能，是因为已经将家庭餐厨垃圾在电子垃圾处理器中进行处理，不需要频繁地运送剩余的垃圾。为确保资源垃圾里没有剩余食物可回收，町民需要清洗瓶子和罐头。除新年假期的三天外，每天早上 7：30 至下午 2：00 之间都可以自由进入。为了节省时间和汽油，町民们一般在早上上班或节假日购物时顺便到日比谷垃圾站。但没有汽车的家庭，例如只有老人的家庭，无法把垃圾带过去。为了照顾这些老人家庭的垃圾清运，一个名为“利再来上胜”的志愿者组织出现了。他们的方法是，募集想要运送垃圾的居民和能够运送垃圾的居民，当运送人去垃圾站时，就会顺便带走有运送困难家庭的垃圾。该组织的发起者是长期以来对当地环境问题持有关心的人士，他们在野外焚烧垃圾的时候就开始摸索替代方法，此后以他们为核心成立了 NPO 法人“零垃圾学院”社会组织。

自 2000 年 1 月《关于二噁英特殊措施法》颁布以来，排放超过标准值的焚烧炉不能继续使用。三年前在上胜町安装的两台小型焚烧炉中的一台因超过二噁英浓度标准值而被淘汰。另一台可以继续处理垃圾，但当时的町长决定全部关闭，决意深化回收，摆脱垃圾的焚烧方式。受命町长的决意后，町职员设法进一步减少垃圾量，发掘几家新的回收公司，除了以前的 25 种外，还能够回收 10 种以上的类型。然而，从 2001 年 1 月 15 日起决定关闭焚烧炉后，在仅剩不到一个月的时间内，需要职员们奔走各个村落，以寻求村民的合作，进行 35 种垃圾的分类（2002 年塑料垃圾类型合并，变为 34 种垃圾，见图 4－1）。让职员们意外的是，几乎没有村民反对，因为经过几年的实践，垃圾减量、分类，让村民们切实地感受到了环境的优化。正如学者菅翠（2019）指出的那样，上胜町居民能够积极地响应当地政府的垃圾治理理念，源于长久以来官与民的良性互动，而并非强制性手段。

将垃圾分类细致化，从每年 140 吨的焚烧垃圾减少到 48 吨。回收厂家购买资源垃圾，增加了当地的财政预算。但是，即使细致化到 30 余种垃圾，还是会出现无法回收的垃圾，只能将其运出町外，交由处理厂焚烧或填埋。关于尚无法在町内彻底清除垃圾，不得不在域外处理的事实，町长与町议会决意更进一步减少垃圾物和种类。

（三）零垃圾运动的契机

上胜町垃圾处理的理念与实践随着媒体的报道，吸引了众多的来访者。2003 年，美国的一位学者在社会组织的陪同下到当地参观，该学者是圣劳伦斯大学（St. Lawrence University）的化学教授，

图 4-1　上胜町资源分类方法图①

在美国阐明垃圾焚烧会产生有害物质，从而迫使300多个焚烧炉停止建设。该教授在町内的演讲中，向町民介绍自己提出的“零垃圾”（Zero Waste）理念——“不将有限资源变成垃圾的最好方法是重复使用；不能重复使用的物品，重新制作；不能重新制作的物品，进行再资源化处理；不能再资源化处理的物品，进行填埋。绝不可焚烧，因为这会导致能源浪费，大气污染，地球温暖化。”零垃圾运动是指设定实现目标的截止日期，为此消除各种障碍的过程。尽管日本国内的大多数与生活相关的政策都在探讨如何顺利建

① 上勝町：《上勝町資源分別表》，2004年4月1日，http://www.kamikatsu.jp/zerowaste/gomi.html，2020年11月3日。

设焚烧厂来进行垃圾焚烧，但零垃圾运动却转而向物品的出口——制造者寻求义务，并从产生垃圾的根源开始着手。

上胜町的居民们对“零垃圾”的理念产生了强烈的共鸣，于2003年上胜町议会一致通过了“零垃圾宣言”，正式开展了零垃圾运动。上胜町也成为日本第一个颁布“零垃圾宣言”的区域。宣言如下：

> 为了将清新的空气、清洁的水和富饶的土地传承给未来的孩子，我们决定到2020年将上胜町的垃圾减少到零，并宣布上胜町为零垃圾的地域。为此，①我们努力成为不污染地球的人！②促进垃圾的再利用和再资源化，到2020年尽最大努力消除焚烧垃圾和填埋垃圾！③与世界各地的朋友一道改善地球环境！

（四）零垃圾运动与居民生活的互嵌

在上胜町没有挨家挨户的垃圾收集，各家庭各自把垃圾带到垃圾站，再由行政单位负责处理。但2003年的《零垃圾宣言》出台后，垃圾治理又更进了一步。根据“零垃圾宣言”，町民如果要彻底消除垃圾，不仅需要在町内努力，还需要全国乃至全世界的协作。在此背景下，2005年社会组织NPO法人“零垃圾学院”（Zero Waste Academy）成立。该组织为推动零垃圾运动的开展，进行了相关知识的普及和调查研究，开发和普及零垃圾产品。并受町政府委托，管理日比谷垃圾站，负责相邻的上胜町介护预防活动中心“阳贮”（Hidamari）的运营。

2006年，在上胜町开始了一项针对老年人的垃圾收集项目，以帮助没有汽车的独居老人。由志愿者团体“利再来上胜”负责，但一个完全没有报酬的活动难以持续下去，同时需求方也难以长年累月寻求别人的无报酬帮助，因此该活动以收费化的形式重新开始。有需求的居民，购买垃圾袋，每袋210日元，该町的福利预算为老年人提供每袋200日元的补贴，因此老年人的负担为每袋10日元。

日比谷垃圾站为便于居民垃圾放置，制作了区分 34 种垃圾分类的容器。容器是根据垃圾的形状，使用废桶或用废料手工制造而成。雇用五位老年工作人员这里在轮换工作，对垃圾站整理整顿。在工作日和星期六有一名工作人员，每周日配置三名工作人员，以应对更多的居民垃圾清运。工作人员不仅帮助居民进行分类和排序，有时也会从垃圾中挑选出还能使用的物品。如，用罐子制成的家用簸箕很受欢迎，许多人把它们带回家。也有用柜子的抽屉重新制作成一个荧光灯管保管盒。居民常常询问工作人员垃圾的分类方法，居民之间也相互帮忙，一个通常不受欢迎的垃圾站成为上胜町居民社交的公共领域。

在“日比谷垃圾站”内，设置了一个名为“循环商店”（Kurukuru Shop），里面放置着居民不要的，但仍可以使用的物品，例如衣物、杂物和家用电器。虽称为商店，但实行全部免费制。该商店的开业，原本是为了町内小学生开展综合学习课，调查日本及上胜町的垃圾问题时，在零垃圾学院的帮助下开业。其名称里的“Kurukuru”原本是“圆圈”（循环）之意，也是与孩子们商讨的结果。现在，当年参与学习的孩子们成为零垃圾学院的主力军。经过几年的运营，町民已经形成一种习惯，购物时先到该店看看有没有类似的物品后，再去町外购买。当地的交通并不便利，到町外的购物中心，开车一个小时，如果能在该店里找到想要的物品，那么时间与经济上都有利。家电和童装非常抢手，只要出现，不久就会被领走，可以看出町民的来访频度。工作人员说，有些人只想要床的某一部分，有些物品感觉没人会要，但没一会儿就被领走，无法预测有谁要，想要的是什么东西。商店只允许町民放置旧物品，但域外的人可以到此领取，近些年，来这里视察、采访的人，以及海外访客逐年增多，都会到此处看看有没有心仪的物件，而外国人更喜欢日本玩偶。可以说上胜町的零垃圾理念已深入人心，嵌入到当地村民的日常生活当中，才使得原本一个濒于凋敝破败的山村成为远近闻名的小型循环社会的模型。

在“阳贮”里除设置了“零垃圾学院”秘书处外，还有一个物品翻新的制作工坊“循环工坊”（Kurukuru Kobo），于 2007 年开业。契机是2004年，一位女士使用废弃蒲团棉制作坐垫，随之不断有老年人加入，以预防介护为目的的手工制作开始了。最初，主要目的是制造和销售垫子，但是随着访客数量的增加，工坊的活动变得更加活跃。有时候大量旧彩带被送到这里，经再加工成为受欢迎的背包。此后，各地企业，以及看过报道的人们不断地发来订单。但工坊里只有两位女性是常驻工作人员，其余则为志愿者，所以一般会向他们说明不能快速完成订单工作。价格的设定由制作的工作人员确定，大多非常低廉，每月的营业额只有6万日元左右，但这里工作人员认为享受重新制作的过程，是创意的结晶。

零垃圾运动的开展最终带动了当地林业的再次振兴，而这些事业也都成为当地的教育资源，并衍生出教育旅游业（Educational Tourism），即到当地访问、参观以及参与式学习的热潮。上胜中学里设有“生物质学校”（Biomass School）的学生组织，与町政府、林业协会和零垃圾学院合作，帮助学生学习树木和林业的知识与实践。在林业协会人员的指导下，学生和他们的父母一起进入没有道路的山坡里，收集木材。通过这些参与式的学习活动，学生与家长一同体验森林的重要性和林业所面临的困难，并解释他们为何在上胜町安装烧木锅炉。对于如何使用当地的木材，将其变成内发型循环经济的要素，上胜町一点一滴地摸索着走出了第一步。时至今日，上胜町资源循环型社会的构筑很难说已经完结，依然面临着各种各样的挑战，但官民共助的垃圾回收体系的建立，挽救了当地一个偏远山村的颓势，随着项目一个接一个地实施使其成为众多来访者的学习目标，为日本未来的发展起到了先锋作用。

五　小结——日本垃圾治理路径的启示

纵观日本的战后史，既是经济高速增长的时代，也是不停地被环境问题所困扰的时代。于中国的现代化进程而言，其作为参考系的价值比欧美更大。作为一个发达国家，日本在经济上、技术上、管理经验上，乃至所谓的国民素质上，对垃圾问题似乎都有着充足的先天条件。但经过本章的梳理，可以看到垃圾问题的缓解并非一蹴而就，即便到了今天，日本各地仍时有发生围绕垃圾处理厂建设、垃圾填埋、收费化等问题的争议，现代性的魔咒可见一斑。但相对于中国来说，作为现代化的先行者，并逐步迈入后现代社会的日本，在对应垃圾问题上依然有许多值得借鉴的地方。

第一，日本通过法制化的手段，将垃圾问题治理的各方主体——中央政府、地方各级政府、民众、企业、社会组织等全部串联起来，明确了各主体的责任与义务，以及相应惩戒措施。法律具有强大的稳定性，不会因人而异，也不会因为政府换届而产生政策执行的断裂，让所有主体都能够清晰地预判自己与他人或组织需要做什么，预估该付出怎样的成本，有助于设计一个长远的规划。

第二，日本垃圾的治理政策也不仅仅是一个统筹性的、综合性的框架，而是细致化到家庭用品的名目上，从大型垃圾，到小家电，再到纸张、瓶罐、食物等零零散散的物件，几乎涵盖了所有生活物品的回收再利用。从大量生产、大量消费、大量废弃的浪费型社会转型为节约的、循环型的经济社会体系显然并非易事，因此涉及生活方方面面的治理政策是促动社会转型的基础，也才能形成一个包含个人生活在内全方位的有机整体来对抗垃圾危机。但在垃圾问题治理的具体执行过程中，日本地方政府根据自身情况建立分类回收制度，小至各个村落也有不尽相同的分类策略和回收方法。虽然垃圾回收指定时间、回收策略、相关制度条例等不尽相同，但方向上，即资源循环型社会的构建的总体目标是一致的，而上胜町的零垃圾运动更是揭示了资源循环型社会构建的终点在哪里的路径。

第三，不分城乡，也不分地域地将所有人的垃圾处理都纳入政策制定的层面上，使垃圾处理设施成为一个任何地方都必有的基础设施，为此也必须划出相应的预算，最大限度地保障了每个人环境权益的平等。对处于关键时期的中国农村环境整治来说，村民的广泛参与不可或缺，而为此需要建立不分城乡的垃圾分类与回收制度，但在不断完善的过程中村民之间相互协作的机制不可或缺。即便被现代化浪潮席卷的农村社区，“熟人社会”的伦理已经被侵蚀，但是对人口规模及行政区域较小的农村来说，发挥乡土伦理的约束作用，建立合理的自治制度仍是十分有效的手段。

第四，从垃圾治理政策的制定过程来看，垃圾处理的纷争通过媒体的报道把一切都呈现在众人眼前。但这并没有动摇维系社会稳定的根本，矛盾的公开反而促成所有人重新思考现有生产生活体系的弊端。这也印证了社会冲突依然可以带来正功能——新观念的兴起、新制度的出台，并为政府牵头、居民配合、企业社会责任的扩大铺平了道路，而彼此关于垃圾问题的协作也就都顺理成章地嵌入进契约社会当中。在环境问题日益生活化之后，日本政府在 20 世纪 90 年代发起和推动了全国范围内的环境保护运动。各级政府着力推行以 3R 原则为标准的环保政策，在这个变革过程中，充满了不同社会主体间的对抗、斗争及妥协与合作，最终实现了垃圾总量的大幅减少及居民 3R 意识的培养。

相较于欧美，后发的日本经过一系列的举措将垃圾总量从 20 世纪 90 年代末的峰值逐步减少了 1000 余万吨，特别是处于山区的上胜町零垃圾运动为我们展示了突破现代性困境的路途，也为我们展现了超越德国等环境先进国家的后发国家的优势，上胜町的理念与实践可谓既果敢又意义深远。如今，上胜町因为严格的自治制度以及零垃圾的生活理念而远近闻名，已经成为日本乃至世界上知名的生活垃圾治理成功案例。村民还通过“零垃圾学院”，进行专业培训和宣传垃圾分类知识，鼓励所有感兴趣的人前来参与，身体力行地向外界宣传零废弃的理念。对于中国来说，中国的垃圾治理到那一步还有很长的一段路要走，但是上胜町作为一个老龄化地区，却发挥了老年人的独特优势；作为偏远山区，却内发性地激活了地域特点，取得的成果值得借鉴，他们所努力的方向也为我们明确了未来的路径。

第二部分

中国农村垃圾问题的实然与公共治理路径的探寻

第五章　中国生活垃圾问题的现状与对策

——基于城乡政策性区隔的比较探讨

一　问题的提出

从上述两章的梳理来看，美国在联邦制下各州乃至各市镇的垃圾治理政策及处理方法均有较大差异，欧盟则在区域整合的框架下，如塑料垃圾治理战略所示，各国在迈向资源循环型社会构建的过程中，进展情况虽有所差异，但总体目标一致，而美国的资源循环型社会迄今还未构建起相应的顶层设计。相对于被称为环境先进国家的德国来说，日本的垃圾治理在初始阶段处于落后的位置，人口密度大、国土狭长的自然地理条件，也使得垃圾问题这一现代性困境致使各地纷争不断。从日本治理对策史的梳理来看，垃圾问题的涵盖面远远超出了政府重视或居民及企业分类处理的范畴，其顶层设计形成了多层次、细致化，对居民日常生活有嵌入性的举措。可以说，日本垃圾治理对策的广度与深度充分地发挥了其后发优势，吸取了欧美的治理经验和教训。相较于城市，在现代化的进程中日本乡村的老龄化、过疏化问题更为突出，在资金上与技术上也大多数处于不利的局面。但即便如此，日本德岛县上胜町走出了一条“零垃圾”的道路，在垃圾问题的日益恶化，对其处理方式争议甚嚣尘上的情况下，位于一个偏远山区的上胜町成为日本垃圾治理的桃源之乡。但上述无论哪个国家或区域，在垃圾处理体系上只有地域性或技术性的差异，在政策上不存在着城乡间断裂性的差异。位于日本山区的上胜町也能领先于全世界，率先进行“零垃圾”的实践就是明证。

反观中国，“农村垃圾问题”这一命题之所以能够成立，即在论述“垃圾问题”时，必须加入一个城乡之别的“城市的”抑或是“乡村的”之类的限定性词语，而非总体性的垃圾问题。盖因中国的城乡二元结构宛如一道鸿沟一般横亘在城市与乡村之间，几乎对所有层面的公共事务造成了区隔性作用。对此产生决定性作用的唯有“制度”。因为，制度是一种高度结构化、标准化和客观化的运作方式，处在高于其为之服务的个体利益之上（David Newman，2017）。可以说，农村垃圾问题的恶化，最典型的背景为城乡二元结构的影响，但仅限于此的结论会使得政策论的分析过于扁平化，只有通过与城市的全面比较才能折射出农村垃圾政策的系统性滞后。亦即城乡二元结构只是一个宏观背景，那么具体反映在垃圾治理政策层面上，到底有哪些差异，以及与现实对照，其政策效力如何？从结论上来说，城乡二元体制下有城市的垃圾处理制度，而专门为农村垃圾问题制定的制度仍处于空白的地步，甚至可以说农村垃圾的散乱、堆积、无序等治理的滞后处于一种“非违法”的状态。此论断唯有通过城乡垃圾政策的比较才能具有说服力，因此本章采用比较研究方法，分别梳理出城乡垃圾问题的概况与治理政策框架，并与现实进行对照来探讨其政策效力，及城乡区隔性的表征。

二　城乡垃圾问题的现状

（一）逐年激增的城市垃圾

生活垃圾是指人们在日常生活中或为日常生活提供服务的活动中产生的废弃物，生活垃圾是固体废物的一种，具有如下特性：无主性，即被丢弃后不易找到具体负责者；分散性，丢弃后散落在各处，需对其进行收集；危害性，对人们的生产和生活产生不便，危害人体健康；错位性，一个时空领域的废物在另一个时空领域可能是宝贵的资源（宋立杰、陈善平、赵由才，2014）。在城市生活垃圾管理的全过程中，其收运是连接产生源与处理处置设施的一个不可或缺的重要环节，费用耗资最大，且操作过程极为复杂，其处理过程包括从产生、投放、收集、运输到最终处理设施的整个物流。与居民生活关联较大的是生活垃圾的分类。分类收集是指结合垃圾处理的需要进行分类投放、收集、运输的方式。这种方式可以提高回收物资的纯度和数量，减少最终处置的垃圾量，有利于生活垃圾的资源化和减量化，并能够较大幅度地降低废弃物的运输及处理总费用（宋立杰等，2014）。分类回收的废金属、废纸、废塑料、废玻璃等可以直接出售给有关厂家，作为二次利用的原料，然后再把其他有机垃圾和无机垃圾分类收集，使其经过不同的工艺处理后得到综合利用。除可资源化的垃圾外，电池、废药品、废涂料、废染料等特殊垃圾需要单独回收，可见，单是分类回收就是一个相当复杂，且需要在日常生活中长期进行实践的工作，没有居民的主动配合，细致的分类则难以成为资源循环型社会的构建基础。同时，垃圾分类工作还要求居民整齐划一地共同参与，但凡允许了部分的、零散的参与，或是三天打鱼两天晒网式的参与，那么整个社区的分类回收体系势必会土崩瓦解。如此艰巨的课题，需要全社会的群策群力，尤其是决策层面上要花大力气制定对居民日常生活具有嵌入性的政策，这也是为什么欧美日开展了广泛的环境教育运动的原因所在。

在相当长的时期内，中国的城市生活垃圾仍然以填埋为主，辅之以焚烧与生物处理等方法。填埋势必危害自然环境，而焚烧厂的设置更是激起了一系列的居民抗议事件。如 2009 年广州市番禺区居民对即将开建的垃圾焚烧发电厂表示了强烈的抗议①；2014 年杭州市余杭区中泰乡九峰村 5000 余居民抗议规划中的中泰垃圾焚烧发电厂项目②；同年广东省博罗县发生千人聚集反对建立

① 凤凰网：《广州番禺区建垃圾焚烧发电厂遭周围居民反对》，凤凰资讯，2009 年 11 月 22 日，https：//news. ifeng. com/mainland/200911/1122_17_1446137. shtml，2018 年 10 月 19 日。

② 董佳宁：《杭州余杭九峰村规划建造垃圾焚烧发电厂 5000 余居民抗议》，观察者网，2014 年 5 月 11 日，https：//www. guancha. cn/society/2014_05_11_228491. shtml，2018 年 5 月 11 日。

垃圾焚烧厂[①]；2016年，浙江海盐、上海青浦、海南万宁、江西赣州等地的垃圾焚烧厂项目也相继引发抗议事件[②]。焚烧厂周围的居民不应该单独承担现代社会的恶果和风险，针对他们的抗议，也不能单以“罔顾公共利益的不配合或自私”来加以解释，这只是对一个全民的、公共的课题的矮小化。目前，中国生活垃圾的清运量于2018年达到2.26亿吨左右，处理率为58.2%，无害化处理率仅为35.7%[③]。而此起彼伏的“邻避运动”（Not In My Back Yard）预示着生活垃圾的暴增早已突破了垃圾处理量的临界点。作为一个公共议题，需要广泛的讨论，甚至允许争议的存在——正如东京“垃圾战争”所显示出的正功能，非但如此，围绕垃圾处理的公共性难以形成。根据下列中国环境保护部每年出版的“全国大、中城市固体废物污染环境防治年报”，可以看出在缺乏居民积极的垃圾分类实践下，城市生活垃圾总量连年增长。

2014年版：2013年261个大中城市生活垃圾产生量为16148.81万吨，处置量为15730.65万吨，处置率达97.41%，其中产生量最大的上海市为736万吨，其次是北京、深圳、重庆和成都，产生量分别为671.69万吨、521.69万吨、452.5万吨和398.3万吨[④]。

2015年版：2014年244个大中城市生活垃圾产生量为16816.1万吨，处置量为16445.2万吨，处置率达97.8%。其中，产生量最大的上海市为742.7万吨，其次分别是北京733.8万吨、重庆635万吨、深圳541.1万吨、成都460万吨[⑤]。

---

① UN652：《广东博罗千人抗议建垃圾厂警方限令领头人自首》，搜狐新闻网，2014年9月14日，http://news.sohu.com/20140914/n404294151.shtml?adsid=1，2018年9月6日。

② 冯军：《中国垃圾焚烧困局：这边抗议不断那边跑马圈地》，北极星固废网，2016年6月13日，https://huanbao.bjx.com.cn/news/20160613/741491.shtml，2018年9月12日。

③ 新能源网：《中国每年有多少生活垃圾?》，2019年1月9日，http://www.china-nengyuan.com/baike/5361.html，2020年5月8日。

④ 中华人民共和国环境保护部：《2014年全国大、中城市固体废物污染环境防治年报》，2014年12月，http://10.2.217.200/www.mee.gov.cn/hjzl/sthjzk/gtfwwrfz/201912/P020191220697793463589.pdf，2020年12月12日。

⑤ 中华人民共和国环境保护部：《2015年全国大、中城市固体废物污染环境防治年报》，2015年12月，http://10.2.217.199/www.mee.gov.cn/hjzl/sthjzk/gtfwwrfz/201912/P020191220698227363599.pdf，2020年12月12日。

2016 年版：2015 年 246 个大中城市生活垃圾产生量为 18564. 0 万吨，处置量为 18069. 5 万吨，处置率达 97. 3%。其中，产生量最大的北京市为 790. 3 万吨，其次分别是上海 789. 9 万吨、重庆 626. 0 万吨、深圳 574. 8 万吨、成都 467. 5 万吨[①]。

2017 年版：2016 年 214 个大中城市生活垃圾产生量为 18850. 5 万吨，处置量为 18684. 4 万吨，处置率达 99. 1%。其中，产生量最大的上海市为 879. 9 万吨，其次分别是北京 872. 6 万吨、重庆 692. 9 万吨、广州 688. 4 万吨、深圳 572. 3 万吨[②]。

2018 年版：2017 年 202 个大中城市生活垃圾产生量为 20194. 4 万吨，处置量为 20084. 3 万吨，处置率达 99. 5%。其中，产生量最大的为北京市 901. 8 万吨，其次分别是上海 899. 5 万吨、广州 737. 7 万吨、深圳 604. 0 万吨和成都 541. 3 万吨[③]。

2019 年版：2018 年，200 个大中城市生活垃圾产生量为 21147. 3 万吨，处置量为 21028. 9 万吨，处置率达 99. 4%。其中产生量最大的上海市为 984. 3 万吨，其次分别是北京 929. 4 万吨、广州 745. 3 万吨、重庆 717. 0 万吨和成都 623. 1 万吨[④]。

2020 年版：2019 年，196 个大中城市生活垃圾产生量为 23560. 2 万吨，处理量为 23487. 2 万吨，处理率达 99. 7%。城市生活垃圾产生量最大的是上海市，产生量为 1076. 8 万吨，其次分别是北京、广州、重庆和深圳，产生量分别为 1011. 2 万吨、808. 8

---

① 中华人民共和国环境保护部：《2016 年全国大、中城市固体废物污染环境防治年报》，2016 年 11 月，http：//10. 2. 217. 199/www. mee. gov. cn/hjzl/sthjzk/gtfwwrfz/201912/P020191220698635384853. pdf，2020 年 12 月 12 日。

② 中华人民共和国环境保护部：《2017 年全国大、中城市固体废物污染环境防治年报》，2017 年 11 月，http：//10. 2. 217. 200/www. mee. gov. cn/hjzl/sthjzk/gtfwwrfz/201912/P020191220699179334061. pdf，2020 年 12 月 12 日。

③ 中华人民共和国环境保护部：《2018 年全国大、中城市固体废物污染环境防治年报》，2018 年 12 月，http：//10. 2. 217. 198/www. mee. gov. cn/hjzl/sthjzk/gtfwwrfz/201901/P020190102329655586300. pdf，2020 年 12 月 12 日。

④ 中华人民共和国环境保护部：《2019 年全国大、中城市固体废物污染环境防治年报》，2019 年 12 月，http：//10. 2. 217. 199/www. mee. gov. cn/ywgz/gtfwyhxpgl/gtfw/201912/P020191231360445518365. pdf，2020 年 12 月 12 日。

万吨、738.1万吨和712.4万吨[①]。

上述统计的大中城市从2014年版的261个降到了2020年版的196个，但垃圾总量却从16148.81万吨，增加到23487.2万吨。一线城市的北上广深，2017年人均年生活垃圾量分别为：广州507kg，深圳482.1kg，北京415.4kg，上海372kg，其中深圳每人日均的餐厨垃圾为3.67kg，广州、上海、北京分别为3.57kg、3.52kg、3.45kg[②]。中国一线城市的人均年垃圾产生量与已经成型的高度消费社会的欧美日相比，除美国2019年的773kg外[③]，已接近或超过了欧盟2019年的502kg[④]，日本2018年的335kg[⑤]。实际上，循环经济的理念早在1998年已进入中国，于2009年1月1日起生效的《循环经济法》，标志着当年成为中国循环经济的元年。该法（第十条）提出，国家鼓励和引导公民使用节能、节水、节材和有利于保护环境的产品及再生产品，减少废物的产生量和排放量，但针对居民的鼓励与引导的配套措施，如社区环境教育等并未系统地开展。因此，从城市居民日常垃圾产出量来看，循环经济的理念并未深入人心，也未起到实质性的作用。

问题直接体现在了商品的过度包装之上，其废弃物约占城市生活垃圾的30%到40%[⑥]。实际上，早在2009年就已出台了《限制

① 中华人民共和国环境保护部：《2020年全国大、中城市固体废物污染环境防治年报》，2020年12月，http://10.2.217.199/www.mee.gov.cn/ywgz/gtfwyhxpgl/gtfw/201912/P020191231360445518365.pdf，2021年6月1日。

② 李颖诗：《2018年中国城市生活垃圾发展现状北上广深“垃圾围城”》，前瞻经济学人网，2019年10月31日，https://www.qianzhan.com/analyst/detail/220/191030-e1ccca27.html，2020年11月2日。

③ Verisk Maplecroft, “US tops list of countries fuelling the waste crisis: Waste Generation and Recycling Indices”, 2 July 2019, https://www.maplecroft.com/insights/analysis/us-tops-list-of-countries-fuelling-the-mounting-waste-crisis/.

④ 乔颖：《欧盟居民2019年人均产生半吨城市垃圾》，网易新闻网，2021年2月19日，https://www.163.com/dy/article/G36IBNF70514R9NP.html，2021年6月8日。

⑤ 日本环境省：《一般廃棄物の排出及び処理状況等（平成30年度）について》，2020年3月30日，https://www.env.go.jp/press/107932.htm，2020年9月30日。

⑥ 张晶晶：《限制商品过度包装新“国标”发布如何识别食品、化妆品过度包装?》，《民主与法制时报》2021年10月28日，https://xw.qq.com/partner/vivoscreen/20211028A0D5MX/20211028A0D5MX00?isNews=1，2021年10月30日。

商品过度包装要求（食品和化妆品）》，但十余年过去后，过度包装的现象有过之无不及。为此，于2021年针对该“要求”进行了修订，规定了限制食品和化妆品过度包装的要求、检测和判定规则。那么，为何第一波的限制要求未能达到预期的效果，以及消费者为何没能在购买商品时的价值取向上践行4R的理念则是我们更应该思考的课题。虽然城市的垃圾处置率已达到99%以上，似乎已拥有了使垃圾隐形的管理技术。但这只是从城市居民区里清走后进行的处置，最终转移到乡村、城乡接合部进行焚烧或是填埋、堆积，无疑都会引起二次污染，也未能消解垃圾围城的困扰。因此，根本上需要从源头削减垃圾的排出量，于是各地纷纷出台生活垃圾管理条例来降低城市的环境负担。2019年7月1日起，上海更是以强大的行政力量来推进城镇居民生活垃圾的分类处理，引起了广泛的关注。但从全国范围来看，上海的模式——以强大的行政手段调动社会资源，疾风骤雨般的推行方式是否具有泛用性还需时日来检验，因为对居民生活具有嵌入性的垃圾政策才能发挥长久的生命力，这也是垃圾治理的关键所在。

（二）濒于积重难返的农村垃圾

现代社会的工业化、城镇化不只是地理上的剧烈变化，更是意识上的、生活方式的变化，它诱使村民放弃原有传统的生活方式，进入到大量消费、大量废弃的生活模式。根据2016年住建部的统计数据，农村地区产生的生活垃圾已经达到约1.5亿吨，其中将近50%未做任何处理[①]。《全国农村环境综合整治“十三五”规划》的统计表明，仍有40%的建制村没有垃圾收集处理设施[②]。即便各地相继出台了相关治理政策，生活垃圾的

① 高辰：《农村垃圾年产生量达1.5亿吨只有一半被处理》，中国新闻网，2016年06月19日，http://www.chinanews.com/gn/2016/06-19/7909149.shtml，2021年5月8日。

② 中国环境保护部、财政部：《全国农村环境综合整治“十三五”规划》，北极星水处理网，2017年2月23日，https://huanbao.bjx.com.cn/news/20170223/810154.shtml，2018年10月5日。

处理比率也有所提升，但如经济条件较好的广东省农村地区，生活垃圾的无害化处理的覆盖率也仅为40.7%（宋欢，2013），可见距离真正解决这一问题还面临着多重的困难。

不同于城市及城镇地区的清洁力度，农村地区的生活垃圾治理一直处于经费紧张、治理手段落后的困境，城乡二元结构同样体现在环境治理当中。因此，相较于城市，农村垃圾的清运成效甚微，且被长期忽视，致使问题的解决难度不断加大。在众多农村地区，生活垃圾仍是一种粗放治理的状态，沿用简单原始的处理方式，例如填埋、露天焚烧、随意倾倒等。大量废弃的生活垃圾无序地堆积在村落的内外，村民与垃圾“共生”的现象普遍，无疑对村民的生活生产环境造成了多重的负面影响。部分村落由于地广人稀，还被选为了城镇生活垃圾的填埋场，使得当地的生态环境不堪重负，原本的绿水青山变成了城市居民在享受现代便利生活之后留给村民的“垃圾巨山”和阵阵恶臭。单纯追求 GDP 增长的片面发展观而催生出的种种弊端，最终都堆积到相对弱势的农村地区，环境污染也在经历着“上山下乡”，全国农村遭受环境污染的比例不断上升①。张玉林（2015）在《农村已成污染“痛中之痛”》中指出，农村地区每年近 100 亿吨生活废水直接排放，近 3 亿吨生活垃圾直接焚烧、填埋或丢弃；化肥投入量达 6000 万吨是全球用量的 1/3，农药用量 180 万吨所占比重可能更大。而作为其部分后果，2 亿多农村居民饮用水不安全，农村环境群体性事件频发，农村污染信访占到环保部受理信访总量的 70%—80%；在全国近 60 万个行政村中，有 20 万个村庄的环境迫切需要治理②。对此，本负有直接责任的各级行政单位常年处于缺位的状态，权责的不明确、资金的匮乏、专门机构的缺失导致虽然有下述的相关政策的出台，但问题未能有根本性的转变。

---

① 于子茹：《陈吉宁：中国的环境污染正在进行一场“上山下乡”》，新华网，2015 年 03 月 08 日，http：//www.xinhuanet.com/politics/2015lh/2015-03/08/c_127556092.htm，2018 年 10 月 9 日。

② 张玉林：《农村已成污染“痛中之痛”》，人民网，2015 年 2 月 6 日，http：//env.people.com.cn/n/2015/0206/c1010-26519271.html，2018 年 10 月 9 日。

与在城市此起彼伏的邻避运动相比，鲜有舆论关注农村居民和生活垃圾“共生共存”的状态，而舆论则是推进环境政策展开的原动力。20 世纪 70 年代初，环境公害成为发达国家广泛讨论的公共议题，美、日、法、加、德等国纷纷制定了新的环境法律法规，并设立环境保护部门以回应舆论对环境问题的关切，斯德哥尔摩的第一次联合国人类环境会议也发生于这一环保舆论的高涨时期。第二次环保舆论兴盛于 20 世纪 80 年代初至 20 世纪 90 年代，这一时期关注的焦点为地球规模的环境问题，其高潮的标志为 1992 年里约热内卢召开的联合国环境与发展大会，第一次把可持续发展由理论和概念推向行动，使其成为各国发展的长远目标。可见，舆论作为环境政策展开的重要变数，周期性地推动环境政策的变革，并带来新的社会思潮与价值观。唐斯（Downs，1972）对于有关环境问题的舆论周期命名为“争议聚焦周期”（Issue-Attention Cycle），媒体的报道量直接促使了公共议题的设定——不是舆论引发了媒体报道，而是媒体促发了舆论的形成。舆论关注的缺失正是中国城乡在环境政策力学上失衡的背景之一，因为农村地区的环境风险、对策成本、人与生态关系的价值取向、决策过程等课题均具有强烈的不确定性。因此，长期以来城乡垃圾问题基于下列的区隔性治理政策而导致的城乡断裂也未受到公共舆论与公共政策的重点关注。

三　垃圾治理政策中城乡区隔的表征

（一）制度框架的差异

1. 以县级为边界的区隔

生活垃圾的治理涉及整个社会系统的方方面面，如企业能否减少产品的过度包装，消费者能否在日常生活中践行 4R 的理念，社区或村落能否为居民提供垃圾治理的参与渠道，以及居民能否获得环境学习的机会，等等。一个庞杂且趋向原子化状态的社会系统做出革新势必需要相应的政策法规进行兜底，而并非只是依靠教条的宣传教育。目前《中华人民共和国环境保护法》是环境保护的根本大法，是所有后续环境相关法律的基础，主要目的是保护环境，防治污染公害，促进可持续社会发展的建设。1989 年版中，并未关涉到农村垃圾问题，在 25 年后的 2014 年添加了政府对农村垃圾问题的相关责任，各级人民政府应当统筹城乡固体废物的收集、运输和处置等环境卫生设施（第 51 条）。此外，第 23 条规定，县级、乡级人民政府应当提高农村环境保护公共服务水平，推动农村环境综合整治；第 49 条规定，县级人民政府负责组织农村生活废弃物的处置工作。但相较于城市生活垃圾等废弃物处理，《中华人民共和国环境保护法》中关于农村环境治理缺少相关配套措施，顶层设计缺陷明显。

与生活垃圾紧密相关的是《中华人民共和国固体废物污染环境防治法》，该法于 1995 年出台，农村垃圾问题在经过几次修订后才终于有了一席之地。

1995 年版：第一章总则的第 6 条规定，县级以上人民政府应当将固体废物污染环境防治工作纳入环境保护规划，并采取有利于固体废物污染环境防治的经济、技术政策和措施。该法特别突出了城市垃圾治理的地位。第三章的第三节《城市生活垃圾污染环境的防治》（第 35 条—第 41 条）中对城市人民政府负责城市生活垃圾作出明确规定。该版提及“城市”多达 25 处，“县级以上地方人民政府”为 14 处，而“乡村”或“农村”则完全没有提及。

2004 年修正版：该版第三章第三节的名称去掉了“城市”，修改为“生活垃圾污染环境的防治”，其内容与第一版并无变化。第 38 条笼统地提及县级以上人民政府应当统筹安排建设城乡生活垃圾收集、运输、处置设施，提高生活垃圾的利用率和无害化处置率，促进生活垃圾收集、处置的产业化发展，逐步建立和完善生活垃圾污染环境防治的社会服务体系。而对于具体的农村垃圾问题，则仅在第 46 条提及农村生活垃圾污染环境防治的具体办法由地方性法规规定。

2013 年修正版/2015 年修正版/2016 年修正版：关于农村垃圾问题的规定与 2004 年版并无差异。

2020 年修正版：该版对生活垃圾治理做出了全面修改。首次明确规定了“国家推行生活垃圾分类制度”（第 6 条），关于垃圾的知识普及提出，学校应当开展生活垃圾分类以及其他固体废物污染环境防治知识普及和教育（第11条）。第四章《生活垃圾》（第43条—第59条）对生活垃圾的治理有着较为具体的规定，其中对农村垃圾问题的关注相较前几版有了大幅度的跃升，但绝大部分依然围绕着“县级以上地方人民政府”对生活垃圾管理系统的职责，而对农村垃圾仅在第45条提及县级以上人民政府应当统筹安排建设城乡生活垃圾收集、运输、处理设施，以及第46条的“地方各级人民政府应当加强农村生活垃圾污染环境的防治，保护和改善农村人居环境；国家鼓励农村生活垃圾源头减量。城乡接合部、人口密集的农村地区和其他有条件的地方，应当建立城乡一体的生活垃圾管理系统；其他农村地区应当积极探索生活垃圾管理模式，因地制宜，就近就地利用或者妥善处理生活垃圾”。针对农村垃圾的治理，可以说这一版较之前有了较大进展，但依然未能脱离城市为中心、乡村为边缘这一制度性的结构困境。

2. 只有“市容”而无“村容”的制度化

由于上述政策的区隔性规定，中国的城市和农村出现了两幅不同的图景——城市生活垃圾有着具体的对策，如定点投放、定时收集、专人负责搬运和相关资金及技术的投入，而农村生活垃圾则是散乱、堆积、处理的无序化。在制度上，也只有“市容市貌”而无“村容村貌”的规定。

在《城市市容和环境卫生管理条例》（1992）中规定了市人民政府市容环境卫生行政主管部门对城市生活废弃物的收集、运输和处理实施监督管理；一切单位和个人，都应当依照城市人民政府市容环境卫生行政主管部门规定的时间、地点、方式，倾倒垃圾、粪便。并对垃圾、粪便及时清运，逐步做到垃圾、粪便的无害化处理和综合利用；对城市生活废弃物应当逐步做到分类收集、运输和处理。关于排水和污水的治理对策上，《城镇排水与污水处理条例》（2013）也只针对县级以上人民政府应当加强对城镇排水与污水处理工作的领导，并将城镇排水与污水处理工作纳入国民经济和社会发展规划（第3条）；县级以上地方人民政府城镇排水与污水处理主管部门负责本行政区域内城镇排水与污水处理的监督管理工作（第5条）。生活污水与垃圾一样是人们日常生活中主要的负面环境影响，在缺少污水处理系统的农村里，村民只能搭建露天厕所，并任由生活污水流到屋外。

“市容市貌”这一词语的深入人心，与至少在制度上“村容村貌”的无人问津，长期以来仿佛让农村垃圾问题的恶化有了制度保障——不会有人因此违反规定而受责罚。除了日常生活中所产生的垃圾之外，农民养殖家禽家畜的现象普遍，而动物粪便所带来的恶臭、污染、堆放等问题随着日积月累，不仅引起了环境污染，邻里之间的纠纷也随之增多。对此，《畜禽规模养殖污染防治条例》(2013）中规定，县级以上人民政府环境保护主管部门负责畜禽养殖污染防治的统一监督管理；县级以上人民政府循环经济发展综合管理部门负责畜禽养殖循环经济工作的组织协调；县级以上人民政府其他有关部门依照本条例规定和各自职责，负责畜禽养殖污染防治相关工作（第5条)。而对于已经产生的畜禽粪便，基层的乡镇政府和村落本应需要更大的行政资源来加以应对，对此，只规定乡镇人民政府应当协助有关部门做好本行政区域的畜禽养殖污染防治工作(第5条)。从垃圾、污水、畜禽粪便，一系列的治理对策均体现了城乡之间的制度化区隔，也因此带来了城乡风貌图景的根本性差异。

3. 资源循环型社会构建中的城乡断裂[①]

从本书第一部分所梳理的国外垃圾治理对策来看，为推动循环

① 关于资源循环型社会构建的制度建设除了本节所提及的法律法规之外，还有以下与生活垃圾相关的条例、部门规章及国务院文件：《废弃电器电子产品回收处理管理条例》(国务院，2008)、《危险废物经营许可证管理办法》(国务院，2004)、《废弃电器电子产品回收处理管理条例》(国务院，2008)、《电子废物污染环境防治管理办法》(国家环境保护总局，2007)、《废弃电器电子产品处理资格许可管理办法》(环境保护部，2010)、《国务院关于加强再生资源回收利用管理工作的通知》(国务院发改委，1991)、《国务院关于加强发展循环经济的若干意见》(国务院发改委、2005)、《国务院批转住房城乡建设部等部门关于进一步加强生活垃圾处理工作意见的通知》(国务院发改委，2011)、《国务院关于印发循环经济发展战略及近期行动计划的通知》(国务院发改委，2013)、《国务院办公厅关于地沟油整治和餐厨废弃物管理的意见》(国务院办公厅，2010)、《国务院办公厅关于建立完整的先进的废旧商品回收体系的意见》(国务院办公厅，2011)、《国务院办公厅关于转发国家发展改革委住房城乡建设部生活垃圾分类制度实施方案的通知》(国务院办公厅，2017)、《国务院办公厅关于进一步加强地沟油治理工作的意见》(国务院办公厅，2017)、《国务院办公厅关于印发禁止洋垃圾入境推进固体废物进口管理制度改革实施方案的通知》(国务院办公厅，2017)。

经济体系或资源循环型社会的战略实施，通过法制化手段将所有社会子系统均纳入其中，细致化到各消费品种类的具体对策。与此相比，中国资源循环型社会构建的相关对策中有着两大欠缺：一是居民的生活垃圾没有成为重点，缺乏细致化的生活垃圾处理体系的建设；二是“县级及以上政府单位”反复出现，显示乡村在此项工作的开展中地位低下。也意味着，在消费和物流不分城乡的前提下，却在政策上形成了城乡之间的断裂。如《中华人民共和国清洁生产促进法》（2002）的主要目的是针对各行业的节能、节水、废物再利用等措施来促进清洁社会的建设，并未具体提及居民的生活垃圾。第 5 条规定，县级以上地方人民政府负责领导本行政区域内的清洁生产促进工作。县级以上地方人民政府确定的清洁生产综合协调部门负责组织、协调本行政区域内的清洁生产促进工作。该法中关于农业的规定较为详细，第 22 条规定农业生产者应当科学地使用化肥、农药、农用薄膜和饲料添加剂，改进种植和养殖技术，实现农产品的优质、无害和农业生产废物的资源化，防止农业环境污染。禁止将有毒、有害废物用作肥料或者用于造田。但是，相较于城市居民的生活与职场的分离，农村社会的特质则是生活与生产交织在一起。因此，只有农业生产的清洁，而无农村生活的清洁，势必导致该法事倍功半。可以说，该法是典型的城市人的立场，缺乏农民的视角。

此外，《中华人民共和国循环经济促进法》（2008）是中国迈向资源循环型社会构建法制化的关键一步，该法的主要目的是促进循环经济的发展，在商品的生产、流通、消费的各个环节中推进商品减量化、再利用和资源化。第 37 条规定，地方人民政府应当按照城乡规划，合理布局废物回收网点和交易市场，支持废物回收企业和其他组织开展废物的收集、储存、运输及信息交流。废物回收交易市场应当符合国家环境保护、安全和消防等规定。在第 47 条中，县级以上人民政府应当统筹规划建设城乡生活垃圾分类收集和资源化利用设施，建立和完善分类收集和资源化利用体系，提高生活垃圾资源化率。针对垃圾问题，该法将重点放置在垃圾燃烧发电及各地可根据当地状况推行垃圾收费制度之上，针对农村垃圾并无具体的对策。

资源循环型社会的构建中，如何处置塑料垃圾是其关键的一环，为此，2007 年出台的《国务院办公厅关于限制生产销售使用塑料购物袋的通知》明确规定：从 2008 年 6 月 1 日起，在全国范围内禁止生产、销售、使用厚度小于 0.025 毫米的塑料购物袋；自 2008 年 6 月 1 日起，在所有超市、商场、集贸市场等商品零售场所实行塑料购物袋有偿使用制度，一律不得免费提供塑料购物袋。众所周知，这一版的限塑令并未起到实际效果。而随着塑料垃圾问题的愈演愈烈，2020 年 1 月 6 日颁布的《国家发展改革委、生态环境部关于进一步加强塑料污染治理的意见》对塑料制品的生产、消费、废弃作出全面的规定。为防止出现类似第一次限塑令的失效，同年 7 月再由发展改革委、生态环境部、住房城乡建设部、工业和信息化部、农业农村部等九部委联合发布了《关于扎实推进塑料污染治理工作的通知》，其中首次对具体要求和既定目标作出明确规定。2021 年 1 月 1 日起全国禁止生产和销售一次性塑料棉签、一次性发泡塑料餐具、有意添加塑料微珠的淋洗类化妆品和牙膏牙粉。全国禁止生产销售厚度小于 0.025 毫米的超薄塑料购物袋，禁止生产和销售厚度小于 0.01 毫米的聚乙烯农用地膜。但管制对象依然是以城市为中心，该通知规定 2021 年 1 月 1 日起，在直辖市、省会城市、计划单列市城市建成区的商场、超市、药店、书店等场所，餐饮打包外卖服务，各类展会活动中禁止使用不可降解塑料购物袋。连卷袋、保鲜袋、垃圾袋暂不禁止；2021 年 1 月 1 日起，在地级以上城市建成区、景区景点的餐饮堂食服务中禁止使用不可降解一次性塑料刀、叉、勺；禁止使用不可降解的一次性塑料吸管，其中牛奶、饮料等外包装自带的吸管暂不禁止。

从本节所梳理的资源循环型社会建构的制度框架来看，中国特有的城乡二元体制的特点显露无遗。农村垃圾问题的对策不仅在数量上大幅少于城市，其管治对象仅涉及县级单位，而具体的“农村垃圾”并未直接提及，只定位于笼统的“统筹安排城乡生活垃圾的处置”之中。而一个农村地位低下的资源循环型社会构建战略，既体现了社会断裂的特质，也预示着其战略实施的困难程度，因为物流、人流本就是在一个框架之中。资源循环型社会的构建实际上是将社会作为一个整体的公地（Commons），每个主体都需要明确自己的目标与对公地（资源循环型社会）的介入手段。哈定（Hadin，1968）曾在《公共地的悲剧》（*The Tragedy of the Commons*）中指出，人人都可以自由利用的公共资源势必导致过度开发而崩盘。但此论断遭到了众多社会科学者的批判，他们指出“谁都可以自由利用（Open Access）”的前提本身是错误的，一些案例研究展现了由地域社会进行管理，形成了长期的可持续利用机制。二十余年后，哈定在自己的论文中承认了其不严谨的地方，将“公共地悲剧”修改为“管理缺失的公地悲剧（Tragedy of the Unmanaged Commons）”，并呼吁运用多学科的综合视角来应对资源与环境的危机（Hadin，1994；1998）。

同样，资源循环型社会的关键是生活垃圾的治理，是一个具有先后次序的、一体化的层次性结构：抑制发生、再使用、循环再利用、正确处理、最终处置（如图 5 - 1 所示）。而社会本应是一体的公共地，如果在制度上规定一方是治理的重点，而另一方则为次等地位，也无具体措施，即农村在制度中的缺场意味着管理的缺失，那么也就能够理解农村垃圾问题为何会濒于积重难返，以及为何农村环境的多学科集成研究迄今还未成形的原因了。虽然，2002年的《中华人民共和国清洁生产促进法》中对农业生产针对化肥、农药、添加剂等规定的确较为详细，但这依然是以城市为中心的思想体现——没有将农村垃圾这一与村民生活息息相关的问题以立法形式保障对其投入与施政，而是率先将与城镇居民消费相关的农产品生产加以规范的举措，显然是将农村定位于为城镇农产品供给基地，以确保城镇居民饮食生活的优质化。而实际上，农业生产的化肥、农药等问题从后述的实证调研来看，类属于村民生活垃圾的一部分，盖因其生活结构与生产活动本是一体的，没有根本上的垃圾治理，农产品的优质化也就无从谈起。

上述的塑料产品管治对象仅限定于城市，一是忽视了农民生活中的塑料垃圾，二是忽视了农业生产中农膜残留的普遍现象。据统计，2015 年，农业地膜覆盖面积达 2.75 亿亩，使用量达 145.5 万吨，到 2024 年则分别达到 3.3 亿亩、200 万吨（李亚新，2018）。虽然农业农村部等发布的《农膜回收行动方案》提出，到 2020 年农膜回收利用率达到 80% 以上，但实际上部分地区的农膜污染形势依然严峻①，即便达到 80% 的回收率，农膜零零散散地残留在田地里的现象依旧随处可见。其长期残留将恶化土壤结构，甚至可造成颗粒无收的生长环境，对其焚烧或无意的误食也会对动物及人类的健康产生危害。可以说，对其进行彻底的回收与再利用对循环型社会的建构来说，将是一项艰巨的挑战。相较而言，工业生产中的排污问题有着明确的各项标准——即便如此也尚未能解决诸多课题，而农业生产这一关乎所有人健康的产业则处于或是没有相应的规范，或是没有监管措施及监督机构的状态。虽然相关部门出台了针对农产品的化肥、农药及农膜残留等问题的治理方案，但并未从根本上、整体上扭转重工轻农、重城市轻乡村的局面，因此，这些问题依然困扰着消费者，甚至如本章第五节所展示的那样，有农民将用工业污水灌溉的农产品卖给城里人，其政策效力的局限性可见一斑。

（二）垃圾治理动员政策的结构性问题

大众消费社会是一个不断自我强化的社会体系，因为其每一个成员皆渴望着更富裕、更便利的生活，所以大量生产、大量消费、大量废弃的大众消费模式能够快速席卷全世界。基于其副作用而产生的生活垃圾已致使上述治理政策陷入疲于应对的境地。资源循环型社会的构建是建立在生活垃圾循环利用的基础之上，需要每一位社会成员为此承担一定的责任，付出相应的生活成本。实际上，一系列的垃圾治理动员方案已出台多年，但从现实来看，尤其是农村垃圾问题的整治并未如预期那样带来显著的政策效果。

城市垃圾治理的动员政策中与生活垃圾密切相关的《国务院

---

① 中原商报社官方账号：《农田“白色污染”防治成效明显全国农膜回收率稳定在 80% 以上》，中原新闻网，2021 年 6 月 18 日，https：//baijiahao. baidu. com/s？id = 1702898633084970699&wfr = spider&for = pc，2021 年 10 月 28 日。

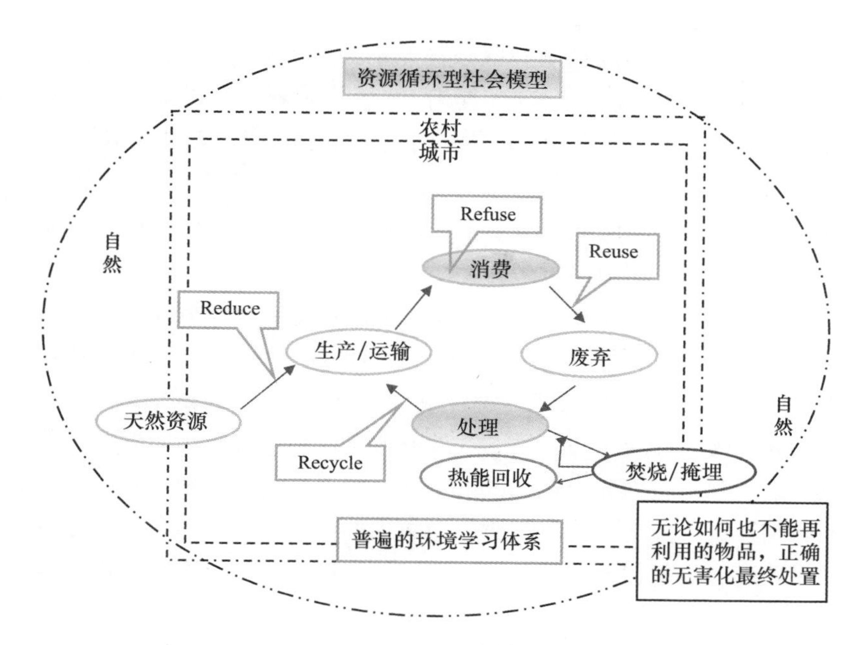

图5－1　资源循环型社会模型

批转住房城乡建设部等部门关于进一步加强生活垃圾处理工作意见的通知》（2011 年）被认为具有里程碑的意义，标志着生活垃圾处理工作已经上升到了国家总动员的层面。此后连续出台了《全国城镇生活垃圾无害化处理设施建设规划（2011—2015）》《“十三五”全国城镇生活垃圾无害化处理设施建设规划》。2018 年《“无废城市”建设试点工作方案》要求在全国范围内选择 10 个左右有条件、有基础、规模适当的城市，在全市域范围内开展“无废城市”建设试点。其理念显示了资源循环型社会顶层设计的雏形及实践已进入决策者的视野。上述政策概括而言，均有着量化指标与目标明确化、法律监管与经济保障力度强的特点。

针对农村垃圾治理的动员政策主要有《全面推进农村垃圾治理的指导意见》（2015 年）、《农村人居环境整治三年行动方案》（2018 年），《农业农村污染治理攻坚战行动计划》（2018 年）提出了建立保洁制度、完善村规民约、提高农村文明健康意识等目标，但其量化指标与保障力度明显不足。2019 年出台的《关于建立健全城乡融合发展体制机制和政策体系的意见》的“建立城乡基础设施一体化规划机制”一项中提出，“统筹规划城乡污染物收运处置体系，严防城市污染上山下乡，因地制宜统筹处理城乡垃圾污水，加快建立乡村生态环境保护和美丽乡村建设长效机制”。预示着垃圾处理设施将明确定位于基础设施中的一项，并朝着城乡一体化的垃圾处理体制迈出了第一步。

总体上，城乡垃圾治理的力度差异凸显了农村垃圾动员政策的结构性问题。概括而言，在对策制定过程中欠缺了综合性与合理性，以及转嫁负担的问题。综合性的欠缺是指，对策制定的主导方，只优先关注对策施行后的益处或成果，而未将负担问题和负面效果纳入视野，因此农村垃圾治理动员政策也就相应地欠缺了法律监管与经济保障这一制定方所应当承担的职责。没有综合性的考量就难以应对垃圾问题的复杂性，这导致负担问题与对策的负面效果或是被搁置起来，或是被挤压到对策制定结构中的边缘方。合理性的欠缺，是指与替代案的比较探讨、认知与预测的准确性、决策标准的明确化与客观化。一个严谨的科学决策，是基于批判精神的探讨过程，而非上意下达的指令。合理性的欠缺导致垃圾治理对策无论是在乡村社会还是农民的日常生活中都无法嵌入。在综合性与合理性双重欠缺的情况下，垃圾治理对策的负担问题与负面效果自然会转嫁到基层单位与农民的身上，这也是对策制定结构中主导方与被主导方在政策力学意义上的位置体现。在这样的结构中各方难以进行平等的对话，政策公开讨论的合理性被轻视，而如此贫弱的公共领域势必无法应对需各方全力参与的垃圾治理。其弊端具体而言有以下四点。

首先，在2011年的这个时间节点上，农村垃圾问题长期处于被忽视、疏于治理的状态，其恶化程度必然大于城市，但城市的垃圾治理依然成为优先对象，且二者时间差过大，造成大片农村地区的村民生活不得不与垃圾共生共存，一部分地区甚至出现了垃圾问题存续的合理化现象（如第八章所述）。可见，在整个决策的结构中，农村所处的从属地位跃然纸上。

其次，在城镇与农村垃圾治理动员方案的具体化程度上，针对城市垃圾治理的目标——资金、设施建造、处理量、保障措施等层面均有细致的规划。反观农村的垃圾治理行动方案中，多以“目标”为主，其主旨不外乎问题严重、应得到更多的重视，但治理目标有待于各乡村自己努力实现。

再次，农村垃圾治理并无处理设施的具体建设规划，或类似于日本的包括城乡都在内的“广域化”处理设施，即城市垃圾处理基础设施也可以为农村居民服务的提议或倡议还未出台。《“十三五”全国城镇生活垃圾无害化处理设施建设规划》要求城市生活垃圾处理设施的建设作为专项规划，纳入土地利用总体规划、城市（镇）总体规划和近期建设规划。这表明今后城市布局规划中垃圾处理设施成为一项必有的基础设施，但并未明确规定是包括农村生活垃圾在内的具有普惠意义的设施。因此，在城乡二元结构下，出于效率与成本的考量，处于边缘地位的乡村则最易被抛弃。

最后，从城乡政策的规模来看，农村方面止步于应然层面而无具体的配套措施。城市的垃圾治理对策中，明确提出了完善城市垃圾治理的标准，制定生活垃圾分类目录和细则，并完善垃圾处理收费制度，加强生活垃圾处理设施和监测设施运行的经费保障，并要求征收的处理费无法满足处理和监测设施正常运行时，地方政府要积极采取措施适当补偿。相对于此，濒于积重难返的农村垃圾问题在绝大多数的乡村中，既缺乏垃圾处理设施，也无专项资金与人员的保障下，村落的垃圾治理往往只会成为上级单位突击检查时的规定动作。

除了上述城乡比较之外，如果把比较范围扩大开来，在欧美与日本的垃圾治理政策中很难发现“城市”与“农村”的限定。从现实来说，如果政策制定从一开始就以区隔作为治理的一种权宜之计，其衍生出来的后果也必然要求倾注更大的力气、更多的资源才能得以缓解。自 2004 年起，迄今已连续 18 年出台的“中央一号文件”皆以加大力度扶持所谓的三农问题为目的，如今已成为中央重视三农问题的专有名词。其中也涵盖了农村垃圾等乡村环境的对策取向。在 2004 年的一号文件中仅提出“有条件的地方，要加快推进村庄建设与环境整治”，而此后关于农村环境的篇幅持续递增，至2020年已有近千字的指导意见，足可见中央政府对农村环境整治的重视。虽然部分村落随着新农村或美丽乡村等工程的推进，环境问题得到一定程度的缓解，但这些政策工程的开展并未撼动城乡二元体制的根本。从农村厕所改造的惠民工程成为“伤心工程”这一现象即可管窥这一点。新华社记者在辽宁省沈阳市探访发现，政府投入过亿元改建的8万余个厕所中，超过5万个被弃用，记者指出其中存在着设计缺陷大、工程质量差、后续保障弱等问题①。但这些问题仅是表层的技术性课题，而更深层的是，农村厕所改造需要下水道及污水处理等一系列的配套基础设施才能得以更新升级。如前所述，排水及污水处理设施的建造在制度中有着鲜明的城乡差异，因此，问题的复杂化已远远超出了厕所建造本身，而是制度性的区隔所造成的问题。

四 垃圾治理政策效力的局限性

中国作为一个幅员辽阔，社会与经济发展阶段差异较大的国家，在具体事物上往往采取因地制宜的方式方法，这本无可厚非。但垃圾处理与污染治理是社会治理与公共服务的重要组成部分，尤其是在消费社会进程急剧加速的情况下，一个具有兜底功能的统一性治理方式亟待规划、普及与应用。因为，城乡虽然在制度性上有所区隔，但地理上以及物流上则是无法断裂的一体，对照此前相继出台的政策法规所设定的目标，垃圾危机的现实已迫在眉睫。

《全国大、中城市固体废物污染环境防治年报》2014年所统计的261个城市，至2020年降为196个城市，减少65个城市，但生活垃圾总产生量却增加了7000余万吨。仅从数据上来看问题依然在持续地恶化，循环经济这一理念已进入中国30余年，而垃圾问

---

① 《中国青年报》：《建8万废弃5万，农村厕改怎成“伤心工程”?》，中国青年报客户端，2021年1月29日，https://baijiahao.baidu.com/s?id=1690221484583773252&wfr=spider&for=pc，2021年5月19日。

题却没能出现根本性的改变。问题不在于被统计的城市垃圾是否已经清运，而是存量加上每年递加的增量，可以想见大量生产、大量废弃、大量消费的浪费型社会已然成型，这一现实也应该成为对策的一个焦点。而4R的理念如何在居民日常生活中践行是扭转这一趋势的关键所在。但在各大城市居民参与的垃圾治理却寥寥无几，如南京市早在2013年已制定了相关管理办法，全市已有550多个小区参与了垃圾分类试点，但居民的参与率仅为30%①，且难以保证已参与过的市民能够持续参与。垃圾治理本应该是由分类、搬运、处置、回收再利用等一系列步骤所组成，每一步骤的欠缺都是对垃圾治理链条的破坏。居民如果无法在日常生活进行垃圾分类，那么自然也就不会践行4R的环境理念，循环经济乃至环境友好型的社会建设也就无从谈起。但如果仅从居民素质这一角度来批判他们的环境行为，那么无疑忽视了相关政策是否为居民提供了切实可行的参与渠道，抑或是仅仅停留于生硬的道德说教的层面上。

生活垃圾处理体系的源头减量、清扫、收集、转运、处理和处置的全过程，需要全社会总动员才能有效对应。如源头减量，首先企业要在产品生产时削减过度包装，以达到废弃后的轻量化，同时消费者在购买时也需要优先选择这些环境友好型产品。对此，除了所谓的宣传教育之外，政府及立法部门能否针对轻量化商品的生产企业出台如减税等扶持政策同样重要。在《“十三五”全国城镇生活垃圾无害化处理设施建设规划》中提出加大政策支持，完善垃圾处理收费制度，落实对垃圾处理相关企业税收优惠政策。但并无明确提出削减过度包装、生产轻量化商品的企业可享受税收优惠政策。

在2010年的《关于加强生活垃圾处理和污染综合治理工作的意见（征求意见稿）》所设定的目标，至2015年底建立健全生活垃圾处理政策体系和污染综合治理监管体系，减量化、资源化和无害化水平进一步提高，生活垃圾污染得到有效控制；城市生活垃圾产生量增长率逐年下降，“十二五”末人均生活垃圾产生量实现零

---

① 城市治理编辑部：《着力补齐垃圾分类这块“短板”》，《城市治理城市治理》，南京大学出版社2018年版。

增长；农村生活垃圾分类收集、无害化处理水平有较大提高，农村环境卫生状况有实质性改善。如前所述，这些目标尤其是生活垃圾零增长率的预期显然过于乐观。再如，《“十二五”全国城镇生活垃圾无害化处理设施建设规划》中指出，到2015年，直辖市、省会城市和计划单列市生活垃圾全部实现无害化处理，设市城市生活垃圾无害化处理率达到90%以上，县县具备垃圾无害化处理能力，县城生活垃圾无害化处理率达到70%以上；全国城镇生活垃圾焚烧处理设施能力达到无害化处理总能力的35%以上，其中东部地区达到48%以上；在50%的设区城市初步实现餐厨垃圾分类收运处理；建立完善的城镇生活垃圾处理监管体系。但2007—2010年间，全国每年平均生活垃圾清运量为1.55亿吨（宋立杰等，2014），至2018年已达到2.26亿吨左右，可见至少在清运环节已有一定提高。但如前所述迄今无害化处理率仅为35.7%，显然除了大中城市以外，绝大多数城镇并没有达到预期的目标。2017年《生活垃圾分类制度实施方案》的颁布实施，标志着中国进入了生活垃圾强制分类的时代。该方案计划于2020年底前，在重点城市的城区范围内先行实施生活垃圾强制分类，推进城市生活垃圾投放、收集、运输、处理制度体系和基础配套设施的建设。但该方案主要目标为城市，而对于广大的农村地区垃圾分类的相应制度体系和基础设施建设则未成为垃圾分类工作的重点。

实现预定目标，除了相应的规划外，还需要更多的配套措施联合起来才能具有效力。各地的技术、设备、资金、人员等层面各具怎样的优势，又存在哪些职能缺陷，需要进行详尽的摸底调查，再通过国家层面的统筹进行优势互补，拟补短板来对应压力不断加大的垃圾问题。对此，个人或某组织无法对应如此庞杂的作业，必须由国家的公共部门来承担这一环节，因此保护环境在《中华人民共和国环境保护法》中已被明确界定为基本国策，各项政策的出台与执行应皆以此为准绳。

五　城乡垃圾治理政策的比较探讨

对策史梳理的目的，一是在纵向的时间轴上可以让我们了解中国对垃圾问题所做出的长达几十年的努力，并与现实进行对照可管窥其效力，二是在横向的空间轴上也可以让我们更加清晰地看到城乡之间在垃圾问题上的政策性区隔。正是此类区隔性的对策，导致相对于城市，农村垃圾治理长久以来被挤压在次等地位。至2007年为止，农村地区的垃圾已致使1.3万公顷农田不能耕种，3亿农民的水源被污染①，每年新增7000万吨生活垃圾未做任何处理②。而十年后的2016年，中国农村地区的垃圾总量已达到每年1.5亿吨，其中经过处理的垃圾只有50%③。即便是经过处理，也难以保证经过无害化，符合标准的处理程序。不仅如此，农村还成了城市和工业的垃圾填埋地。2019年12月，山东郓城的复垦地被偷埋万吨垃圾将近一年④，却通过验收的消息令人感到震惊的同时，也不得不思考偷埋垃圾这一行为本身的背后——垃圾的排放者（城市居民与企业）摆脱了垃圾的困扰，环保部门的垃圾治理政策得以贯彻，回收承包商也以最低廉的方式处理完毕，仿佛形成了一个共赢的闭环，而自然环境与当地村民则再次成为此种类型的环境治理负面效果的承受者，同时也凸显了现有垃圾治理对策有效性的问题。

---

① 凤凰资讯网：《环保总局副局长：农村3亿多人面临饮水不安全》，凤凰网，2007年6月7日，https：//news. ifeng. com/c/7fYLpgqmY6Wl，2017年9月6日。

② UN660：《住建部：未来5年破解“垃圾围村”》，搜狐新闻网，2014年11月19日，http：//news. sohu. com/20141119/n406159934. shtml，2018年9月19日。

③ 高辰：《农村垃圾年产生量达1.5亿吨只有一半被处理》，中国新闻网，2016年06月19日，http：//www. chinanews. com/gn/2016/06 – 19/7909149. shtml，2018年9月19日。

④ 房家梁：《山东郓城复垦地偷埋万吨垃圾是如何通过验收的?》，环京津网，2019年12月24日，https：//baijiahao. baidu. com/s? id = 1653732290055900720&wfr = spider&for = pc，2020年10月9日。

纵观中国农村垃圾治理的法律文本，大多只到县级单位。而县级单位对农村地区垃圾治理，由于专门机构、设施、资金、技术、人员等相关配套政策的欠缺，均处于无序状态。与城市的比较，可以看到现行的制度仍然囿于城乡二元体制结构下，着重反映了大中城市的环境保护需要，而专门为农村制定的制度基本处于空白的地步（王雪妮等，2018），甚至可以说农村垃圾治理的散乱、堆积，及不合规定的处理在中国是处于一种“非违法”的状态。也因此，环境投入的城乡差异明显，《中国环境状况公报》显示，2013 年中央农村环保专项资金投入规模只有 60 亿元，中央和地方共安排农村饮水安全工程建设投资 324.35 亿元，而城镇市容环境卫生仅 2012 年一年的投入就达 398.6 亿元，因此农村的环境公共服务进展缓慢，对生活污水进行处理的行政村比例只有 9.0%，对生活垃圾进行处理的行政村比例只有 35.9%（雷俊，2015）。

那么，对于一个垃圾问题不断恶化的时代，城市与农村到底哪一方才是中国的真实写照。如果以城市为参考系，或者城乡统合起来的平均值，或者以新农村建设样本与普通村落统合起来的平均值作为参考系，那么现实的问题就会被淡化。正如贝克（2004）在《风险社会》中指出的那样，追问平均量的人已经忽略风险处境的社会不平等问题，而这正是此类人不能不知道的现实，因为有可能就存在这样的群体，这样的生活条件，像铅这类物质的含量平均而言不足为虑，但有人却面临着生命的危险。对农村环境问题的漠视，同样会反噬到城市居民的方方面面。2013 年河南新乡村民已无地下水可用，只能用造纸厂废水浇灌农田的新闻成为一时的舆论焦点①。造纸厂把厂址由城市转移到环境成本低廉的农村，污染留在农村，产品以低廉的价格销往城市，此过程中的利益由厂家与城市居民独占。在这个利益结构下，如果仅仅批判村民的环境意识或素质，显然有失偏颇，也于事无补。至少在政府职能上，农村地区的环境治理由农业部门负责，而地方各级行政单位对农村环境问题

① v_chchao：《河南新乡造纸废水灌溉麦田农民收粮只卖不敢吃》，腾讯新闻网，2013 年 3 月 20 日，https：//news.qq.com/a/20130320/000088.htm，2018 年 12 月 9 日。

并没有相应的职能部门，在乡镇派出专门机构的地方更是凤毛麟角（康海燕，2017）。而处在农村垃圾整治第一线的村委会却囿于形式化与官僚化系统的窠臼，不得不仰仗上级部门的指示和资金等资源的调配（汪蕾等，2018），既没有相应的激励机制，也无法回应村民的诉求。一个缺乏外界支援的基层单位，就政策灵活性而言，如周雪光（2009）所说，在中国往往出现政策一统性与执行灵活性之间的悖论，国家政府决策的集权化，导致政策一刀切，无法使政策因地制宜，从而使得各个地方政府为了完成任务而灵活地执行上级政府下达的各项指标。因此，在欠缺综合性与合理性的垃圾治理对策上，基层单位要么向上级单位“要政策”“要经费”，要么将问题传导下去，使其成为农民的“素质问题”。同时，社会流动导致的农村人口空心化、缺乏权威人物推动，以及农村社会规范弱化等农村社会变迁，伴随着地方政府的“不出事”逻辑，的确是制约了农村环境群体性事件的多发（张金俊，2020）。但是，这也同样打断了农村环境问题的社会化过程，难以持续地成为全社会公共舆论的焦点，造成问题解决的延宕。

为解决此类问题的城乡差距，自 2004 年开始出台的中央一号文件在 2015 年后对农村环境问题的着墨明显增多，可以看出国家层面对农村环境问题的危机感。但即便周而复始的文件出台，并未根本性地促动农村环境整治的变革。相较于法律，文件的强制性较弱，也无任何后期的审核机制，基层单位的困境以及村民的声音难以反映到政策制定的程序当中。2015 年《全面推进农村垃圾治理的指导意见》中提出的建立农村生活垃圾“村收集、镇转运、县处理”的城乡一体化治理模式，有效治理农业生活生产垃圾、建筑垃圾、农业工业垃圾等目标，如今除了少数村落外依然未能实现。可以说，农村生活垃圾问题的形成机制在于没有适合生活垃圾实际情况的处理政策，相关规章制度的颁布并没有很好地嵌入到村民的生活之中，生硬的环境标语和简单的口头协议也没有对垃圾治理起到根本的扭转作用，传统社会沿袭下来的垃圾处理方式仍旧被村民所坚持。

在中国社会的语境下，行政体系拥有强大的调配社会资源的能力，那么，是否可以推出针对农村垃圾问题的“对口帮扶”的治理政策——城市的每一区对应一定数量的村落，集中处理堆积的垃圾，并以每一个城区为中心建立起一个包含相应数量的村落，共同建立起一个如日本对策中的广域化垃圾处理站。这是城市反哺农村的举措，也是减小或消除城市人与农村人之间环境正义失衡的平权机制。当然，这只是在城乡二元体制下的权宜之计，垃圾问题是一个横跨私人领域和公共领域的问题，宏观政策不足以应对每日都在生活中产生的垃圾。因此，还需要促发每个当事人的主体性参与，以建立各方平等的互动机制。2018 年的《农村人居环境整治三年行动方案》，提出全力推进农村生活垃圾治理，统筹考虑生活垃圾和农业生产废弃物利用、处理，建立健全符合农村实际、方式多样的生活垃圾收运处置体系，并提出“因地制宜、分类指导”“村民主体、激发动力”等基本原则。诚然，这一政策的提出对于问题的最终解决十分关键，但是在治理过程中这些政策往往只是停留于“应然”的层面，因为除了经济上的、技术上的扶持外，还需要注重其问题背后的社会结构性症结，才能让治理政策真正发挥作用，实现以村民为治理主体，激发其动力的目标。

那么，除了所谓应然的应该论，农村生活垃圾问题到底对乡村环境、对村民，乃至对村落治理造成了哪些冲击，这些反映现实情况的“实然”更能够促使社会力量的投入，尤其是本应是治理主体村民的参与。因此，本研究接下来的实证研究将摒弃对垃圾问题过度的“应该论”，而回到问题本身，来描述垃圾问题对村民生活到底产生了哪些冲击与损害，尽可能呈现事实的全貌，并通过呈现村民环境学习的现状来探讨学习型村落的构建途径。因为村民既是生活垃圾的制造者，也是受害者，同时作为问题解决的主体，唯有认识到垃圾问题不仅仅停留于直观层面，而是对自己的生活结构产生了系统性的恶果，才有可能生发出问题的关切与环境行动。

第六章　社会变迁视角下农村生活垃圾问题的生成

一　问题的提出与分析视角

关于农村环境的变迁，社会学家，特别是环境社会学者的研究已有诸多成果。例如将农村环境问题的焦点放置于城乡二元社会结构（洪大用，2001；2004）与传统村民自治组织的消解以及传统伦理规范缺失的层面上（陈阿江，2007；2010）。以及王晓毅（2014）提出导致农村环境问题加剧的原因是多方面的，不仅仅在于经济发展初期的粗放式经营，更重要的是由于城乡不平等的二元结构和现在项目式的环境治理模式，吴尔（2020）则基于社会变迁的视角，指出农村生态环境治理存在着多元主体不足、农民参与能力不强、农民环保意识薄弱、工业产品下乡冲击等诸多困境。对于农村环境治理的困境，Tilt（2009）在（*The struggle for sustainability in rural China：environmental values and civil society*）《中国农村为可持续发展的奋斗：环境价值与公民社会》一书中，通过2001、2006年在四川省的实地研究，对农村十年来经济增长与环境恶化的矛盾进行了考察。Kostka等（2018）提出环境治理在最近十年的新变化，认为在某些具体条件下，权威国家对于提升环境治理的公共需求亦可以进行回应，然而与此同时也面临着许多挑战，例如对公民社会及公共参与的严重限制。Swanson等（2001）对浙江余杭地区的农村环境政策执行进行了实地调研，运用环境政策模型，指出了执行上的困境。基于村民环境权益的分析，张玉林

（2010）指出在环境问题中，受害的村庄和村民最初都处于法律和信息的盲区，其环境抗争行为经历了十分艰难的过程。

关于农村垃圾问题，由于近年来恶化的程度，逐渐吸引了学者们的关注。操建华（2019）在《乡村振兴视角下农村生活垃圾处理》中指出，基于对农村生活垃圾处理历程的回顾和对现有的处理模式的总结，提出农村垃圾处理城乡一体化、垃圾分类、厨余垃圾资源化利用、垃圾焚烧方式改进以及 PPP 建设运营模式等正成为发展趋势。贾亚娟等（2019）在《农村生活垃圾分类处理模式与建议》中提出了资金投入、因地制宜、多主体互动及加大宣传与奖惩力度来对应问题的恶化。刘一凡等（2020）在《农村居民生活垃圾分类行为与分类意愿的文献综述》中，总结了村民的垃圾分类行为与分类意愿的关系，并提出提高农民垃圾分类意愿与垃圾分类行为的建议。曹海晶等（2020）在《环境正义视角下的农村垃圾治理》中指出，农村垃圾治理凸显了中国城乡有别的差异性基础设施供给和基本制度，暴露出农村垃圾治理资源分配失衡、农村垃圾治理决策程序缺失以及农民承受的垃圾治理责任不公平的问题。

上述研究大致可划分为基于城乡二元结构的论述以及问题解决的应然论。但如果回到问题本身，即环境问题起因于现代性，那么随着时代的变迁——农村消费社会的兴起，乃至现代化及城镇化对村落治理的挑战，农村垃圾对村民到底产生了哪些具体的影响，村民、村干部等各方主体又有着怎样的应对，通过调查将这些层面一一加以呈现，才能有助于理解农村垃圾问题的治理困境。因为社会变迁并非只是宏观结构的变化，还必定对当事者的行动产生巨大的牵引力。因此，本书从这一章开始采取个案研究方法，在中国华北、东北、中部区域的农村地区进行了微观实地调研。本书选取的调研资料主要以 J 省与 H 省的典型村落为主，并展开实证分析。其典型性体现在城乡二元结构的影响下，各村落所种植的水稻、小麦、玉米等农作物价格下跌，城镇化进程的推进，接近半数的村民不再从事农业种植，选择外出务工或是移居城镇谋生。同时，各村落的自然环境均较以前发生了巨变，尤其是农村消费社会形态与村落治理体系的缺陷已使生活垃圾堆积如山，出现了积重难返的态势。如果说上一章的城乡政策性区隔是农村治理滞后的政策背景，但这还不能说明农村垃圾问题为何会恶化到如此程度，因此，本章将基于社会变迁的视角，呈现各方主体的应对是如何加重了垃圾问题的社会化生成。

二　村落社会的变迁与垃圾治理的困境

垃圾的大量出现，所折射出的并不只是该如何提高经济发展水平或处理技术上的课题，更是揭示了人类社会该何去何从的文明危机。如本书前述的日本，作为一个逐渐迈入后现代的国家，好似已经跨越了环境问题这一屏障，然而现实是，环境问题不仅没有消失，而是深刻地融入个人生活中的方方面面。虽然日本社会拥有先进的管理体制和处理技术，但垃圾问题这个无法消解的难题，将会长时期地萦绕在这个列岛之上。因此，所谓发达国家的经验警示着我们，即便是经济发展和高科技的处理技术也无法完全应对这个难题，那么当我们回过头来考察中国农村生活垃圾问题时，除了管理体制和处理技术外，还应该思考其现代性意义的问题生成机制。

（一）农村消费社会的兴起

以资本扩张为底层逻辑的大众消费社会模式最终会导致“大量生产—大量消费—大量破坏”的恶性循环，因为对于消费主义盛行的现代社会来说，实现经济利益最大化的工具理性无疑始终占据了主导地位。消费社会的大潮已快速蔓延至中国的农村社会，所导致的环境变化也体现在垃圾问题上。在J省D县H镇的访谈中，W干部认为环境问题出在消费能力的提高，“农村也开始网购了，这部分过度包装的垃圾，应该严厉制约这些快递公司，不要过度包装。但没办法，有些还是得过度包装，易打易碎的，不过度包装可能东西就碎了，经济承担谁来呀，也不行。各种消费品到农村之后，生活垃圾就都在消费者这边了，尤其是农村淘宝发达以后，垃圾全扑到农村来了。因为农村往外销的少，还是购买的多，过度包装的东西比较多，又变成生活垃圾了。回收的价值没有，过度包装的也没有回收的，也存在问题，像一捏咯吱咯吱响的，泡沫箱子啥的……有高山挡着，垃圾的气味还好一点，有风的天，那是好几十里都能闻到那个气味①”。如第二章中所指出的那样，社会整体的富裕化、消费水平的提升，实际上与促进社会平等有着密切的关系。即，原本局限于某个阶层的商品，由于生产力的加大，大量生产带来价格的降低，从而使更多的阶层可以进行消费，满足大众社会的消费心理的需求。虽然中国存在着城乡二元结构的区隔，但农村社会已由单纯的物质消费变成享受服务的消费，由单一传统的消费方式升级为快捷多样的线上消费（王诗茜，2020）。

H 镇的 Z 干部也指出，“如果是粪堆、杂草、秸秆之类的，时间长可以腐烂，但垃圾袋、电池的问题很麻烦。塑料瓶有回收的，还好。垃圾袋问题特别严重，有的乡镇，刮风的时候塑料袋满天飞②”。从 W 和 Z 两位乡村干部的直观感受来看，现代化并非只是乡村的城镇化和工业化，还有村民的生活方式，尤其是消费生活的全然变化，对乡村社会来说带来了一个全新的挑战——在没有相应的垃圾处理体系下如何应对消费过后激增的垃圾。城乡相较而言，农民消费水平依然落后于城镇居民，也因此，近年来众多研究将焦点放在了探讨农民消费的扩大之上。如唐博文等（2022）的《如何扩大农村内需：基于农村居民家庭消费的视角》，运用定量方法指出，农村居民人均消费支出与城镇居民人均消费支出的绝对差额总体呈逐渐扩大趋势，因此有必要推动农村社会保障体制改革以改善农民的消费水平。不难看出，缩小消费水平差异也是一个社会赖以维系和谐的基础，形成了一个不断自我强化的大众消费模式的理想型：消费水平差异→提高相对弱势群体的消费水平→水

---

① 2017 年 6 月 23 日，于 J 省 D 县 H 镇政府。
② 2017 年 6 月 23 日，于 J 县 D 县 H 镇政府。

平持平→再次产生差异→再次提高弱势群体的消费水平。完美地再现了现代文明悖论的逻辑——消费水平（生活水准）的平均化是社会正义的指标，其支柱却是大量生产、大量消费、大量废弃的环境成本。

在这样的逻辑下，今天所有的欲望、计划、要求，所有的激情和所有的关系，都抽象化（或物质化）为符号和物品以便被购买和消费（鲍德里亚，2014）。而如何提高消费生活水平也成为当今村民自我价值认知的符号。H 镇 ZY 村里①，村民 S（男，56 岁）对于垃圾问题的变化指出，“我们小时候，垃圾都是自然消化的。就是用土办法，自家的垃圾分堆，能用的和不能用的，有的当柴火烧了，有的堆在那儿，第二年上地里做农田的肥料。现在生活比以前用的东西多了，我们这里现在除了七老八十的，都上网买东西，现在不网购不行了，要不就落后了，垃圾也就多了。但不买又不行，还得买来用②”。虽然明知道垃圾的增多，但“不网购不行了，要不就落后了”的充斥着焦虑感的言说表明，村民从农作物生产者正积极地向着现代生活消费者转变，对他们来说既是一种身份同一性的转变，也是在大众消费社会中作为消费者在无意识地进行自我价值的肯定。但凡成为价值取向标准的事物，就成为人们的一种偏好、生活习惯，乃至人生追求，陷入其中却又不自知。这种极难改变的路径，需要资源循环型社会系统来兜底，而其雏形无论是城市还是乡村都迟迟未迈出建构的第一步。

（二）传统与现代的冲突

首先，垃圾是现代化的产物，在无机物产品的大量消费下，无

---

① ZY 村距离 H 镇政府所在地较近，处于 H 镇辐射圈内。主要粮食作物为适宜温带大陆性季风气候的玉米。H 镇自然资源丰富，交通便利，设施较为先进，为辐射区域内的村落提供多方面便利。ZY 村面积 890 多平方公里，共有住户 242 户，826 人，主要以务农为生。村内有一条主干道，路面平整洁净，但是道路两旁的沟壑中隐藏着段落式垃圾带，滋生大量蚊虫。村附近有一条江，供农业与生活用水，但是近年来受到农药、化肥、垃圾的严重污染。

② 2017 年 6 月 24 日，于 J 省 D 县 ZY 村。

法降解的垃圾才会应运而生。这一点在H省和J省的村落调研中也得到了印证。H省A村位于山区[①]，村内有一条长达几公里的沟堑，在沟下和斜坡的四周散落着大量的垃圾，有方便面的盒子、香肠包装皮、塑料产品、瓶子、罐子等，形成了一条长长的垃圾路带。经观察，每日生活中所产生的垃圾，村民会毫不犹豫地抛向沟内或沟堑的周边。对此，村民A（女，67岁）说，“我小时候也没什么可扔的，有瓶瓶罐罐都要留着装东西，有塑料也会留着包个东西什么的，（当时）有不要的东西也会往沟里扔，但在沟外垃圾的增多，不过是这七八年的事[②]”。另一位，在农闲期去城里打工的村民B（男，45岁）说，“垃圾多了，可能是生活好了，买得多了，但和城里（生活水平）还是有差距……我希望孩子高中毕业以后留在城里工作生活，虽然自己不太想去城里生活[③]”。

由于城乡二元结构的影响，村民不只是在地理上、政治上、经济上、文化上、社会保障上，甚至在心理层面上，相较于城市居民一直处于弱势地位。从上述两位村民的谈话中可以得知，垃圾问题的凸显只是最近几年生活条件改善的结果，但往沟里的丢弃行为，却是作为一种“传统”的惯习沿袭了下来。因此，在无法降解的现代化产物和传统丢弃行为的冲突下，垃圾问题凸显了出来。传统的丢弃行为本身并没有多少负面的意义，因为，所丢之物皆为有机物品，终究会回归土地。但是，急速的消费主义大潮将每个人裹挟在内，村民并没有太多的选择余地。长久积习虽然无法在短时间内改变，但在访谈中，几乎每个被访者都处于“往沟里扔垃圾是不好，但大家都这么做”的行为规范下，难以建立起自己既是环境问题制造者，同时也是受害者的意识。当沟堑作为共有地被垃圾填满的时候，势必会反噬每一个人和他们的下一代。

---

① A村位于H省L县的南部山区，距镇中心地带约1公里，全村共有1400余人，户数400户，村民小组3个，青壮年大都到邻近城镇打工。农作物主要有小麦、玉米、水果及核桃等经济作物，该村没有成规模的养殖业，但村民零散饲养家畜情况普遍。A村面源污染恶劣，横贯该村的一道山沟成为村民生活垃圾的天然丢弃场所，未有任何治理，延绵数公里，长年累月的积累已恶化了村落的整体环境。

② 2014年8月16日，于H省L县A村。

③ 2014年8月16日，于H省L县A村。

生活方式的转变与环境问题的相关性同样体现在J省D县的农村里。D县的J村[①]不仅面临着生活垃圾增多的问题，近年来随着养殖业的兴起，禽类和牛、猪等家畜的排泄物在当地引起了一系列的难题。村民的养殖场大多设置在自己家的院子里，招致大量的苍蝇，异味也不断引起邻里之间的纠纷。未经任何处理的排泄物被放置在道路和田端，成为寄生虫的温床，雨天过后，排泄物被冲进田里，引起农作物的枯死。现代科学诞生之前，世间没有无用、可丢弃之物。动物的排泄物本来可作为肥料，化为土地的养分，滋养农作物，即人类、动物的排泄物→农作物、土地→食粮→人、动物，这一循环体系在农村社会的劳作与生计中发挥着功能。然而，传统的循环哲学在现代化的浪潮中不堪一击。

D县位于省会城市的2小时经济圈内，从20世纪90年代末开始，外出务工的村民逐渐增多。在所调查的J村，几乎家家户户都有或长或短的外出务工成员。当中，所访问的老年人都坚持认为，不会让自己的孩子留在农村，但自己不想去城市生活，觉得不会适应那里。J村C村民夫妇（丈夫62岁，妻子59岁）都表示，“去过城里生活过，但还是觉得这里（农村）好，城市什么都贵，不像这里还能种点菜和水果，冬天在窖子放些蔬菜，不用再买了[②]”。该夫妇的儿子、D村民（男，36岁）则表示，“家里除了苞米地以外，自己（没时间）已经不种菜了，苞米价格又低，自己和老婆都要出去打工，而且为了孩子的将来考虑，还是想让他在城市工作、生活[③]”。两代村民相较而言，父母在自家院子里种菜、种水果可以节省一部分开支，而儿子除了苞米地的收入以外，还要寻求打工才能弥补家用。这就意味着，原本生活在很大程度上可以通过村落共同体的自给自足或互帮互助的体系得以维持，当生计被纳入

---

① J村位于J省N镇的北部，离省会城市较近，约70公里，全村共500余人，共两个小组。村民基本以种植玉米和水稻为主，农闲时期外出务工。该村小规模的家禽家畜养殖业较为普遍，多位于村民自家院子里。该村生活垃圾的散乱虽然随处可见，但村委会进行了一定的焚烧和掩埋，因此未因大规模的垃圾带而形成恶劣的面源污染。

② 2015年8月20日，于J省D县J村。

③ 2015年8月20日，于J省D县J村。

大城市经济圈后，村民加大了对货币经济的依赖。因此，进城打工并没有实现他们最初的预想——能够使自己的生活比自己的父辈更加宽裕一些，相反在城里的打工经历使他们产生了更加强烈的穷困感和焦虑。

然而，维持生计方式的转变，除了没有让他们更加宽裕之外，却在意想不到的地方加重了环境的恶化。C 村民（妻子）说，“儿子只在农忙期回来帮助种地，其余时间都在外面打工挣钱……粪便我们都不用了，就用化肥，省事还干净①”。E 村民（女，42 岁）说，“家里也没几亩地，丈夫在外面打工，我也有时候去（打零工），家畜的粪便早就不用了②”。J 村委会 G 干部说，“化肥的用量用法我们也都讲过，但是都图省事，本来化肥要分几次撒，但要去打工，没时间回来，所以干脆在种的时候，把（几次量的）化肥一起埋进去③”。为了弥补与城市生活上的差距，村民不得不做出了一些作为个人的合理化决定，然而这种个体合理化的行为积累到一定程度时，就会使社会整体陷入不合理的状态。J 省所在地被称为肥沃的黑土地，黑土层已由开垦初期的 80 厘米至 100 厘米下降到 20 厘米至 30 厘米，每年流失的黑土层厚度为 1 厘米左右，同时有机质以平均每年 0.1% 的速度下降，导致土壤生物学特征退化，作物病虫害发生率提高，耕种全部依靠化肥来支撑④。正如村干部 F 所说的那样，“土地本来是具有力量的，即‘地力’，可以自我消化、净化，但现在不行了，化肥已经让土地失去了这样的能力，村民觉得产量下降，于是就加大化肥的使用量⑤”。化肥是省事的、干净的，而动物的排泄物则是污秽的、麻烦的，以及没有人想让自己的孩子留在农村，这种对城市生活的向往，都可以看出，村民对现代化毫无防备的拥抱。在这当中，与生态系统融为一体的

---

① 2015 年 8 月 20 日，于 J 省 D 县 J 村。

② 2015 年 8 月 20 日，于 J 省 D 县 J 村。

③ 2015 年 8 月 21 日，于 J 省 D 县 J 村。

④ 王建、王宇：《黑土地长期“超载”退化流失日趋严重》，人民网，2015 年 08 月 04 日，http：//finance. people. com. cn/n/2015/0804/c1004 –27404702. html，2020 年 3 月 10 日。

⑤ 2015 年 8 月 21 日，于 J 省 D 县 J 村。

传统生活体系，也就理所当然地被抛弃掉，甚至形成了化肥→土地退化→低产→加大化肥使用量→土地更退化的恶性循环。

（三）人心的涣散与行政权威的弱化

垃圾的散乱是由于在共有地的丢弃和堆积，所调查的H省和J省的村和乡镇干部虽然认识到问题的严重性，但作为一个历史积累下来的，并且还会是一个长期存在的问题，与经济发展相比，不会成为当前的主要课题。

对于H省A村大面积垃圾带的问题，L乡T干部说："国家越来越重视环保问题，我们也认识到了问题的存在，但解决需要时间和资金……现阶段能做的是，加强对村民的教育，比如垃圾站点写上一些环保的标语。"① 从中可以看出，垃圾治理依然有赖于上级（国家政策）的扶持，在没有具体对策之前，用口号进行弥补。然而A村垃圾站点的环保标语，反讽式地并没有起到任何作用——村民并没有把垃圾倒进垃圾桶里。不仅如此，口号治理的弊端，即反功能的效果却异常突出。首先，复杂问题的单纯化。垃圾作为一个关乎当地所有人的问题，需要共同关注、商讨、应对，但这一系列的措施被简化为几句口号。其次，作为主管部门，口号治理成为工作任务终结的装饰，掩盖了工作的不到位。如，"村民看到了（不要随便倒垃圾）标语，但都不配合"②。而现实是，村民B说，"（该村）哪儿没有垃圾，扔哪儿都一样"③，如实地反映出破窗理论的效应。最后，在一些村落，甚至出现诅咒谩骂式的标语，不仅将责任简单地推卸掉，并且严重阻碍了价值理性思维的绽放。对垃圾治理口号的理解，管理部门和村民之间出现了截然相反的断裂。既然是一个复杂的、所有人都要面对的问题，那么反思、梳理问题的所在是问题解决的第一步，而情绪宣泄式的口号治理于事无补。

相较而言，J省J村的状况明显好于H省A村，并没有大规模

---

① 2014年8月18日，于H省L县L乡政府。

② 2014年8月18日，于H省L县L乡政府。

③ 2014年8月16日，于H省L县A村。

的垃圾路带问题，上级镇政府已经建立起相对完整的垃圾回收处理体系，但村内外不难发现零零散散的未回收垃圾。即便像日本那样，将垃圾非可视化，但问题依然存在——在哪里烧，在哪里埋的纷争不断。从根本上来说，垃圾问题的解决取决于每个村民的主体性意识，在生活中实践4R的理念。从J村和镇干部的角度来说，家畜排泄物的问题，直接引起了邻里之间的纠纷，更让他们感到棘手。对于随手扔垃圾和粪便所引起的纠纷，村镇干部皆认为："一些村民不顾别人的感受，是由于个人主义的蔓延……比起以前，现在的村民都不太听话了……水利道路等公共设施的修缮，出钱出力的活儿，都不情愿了。"[①] 他们认为，村民态度变化的契机就是农业税的取消，村干部丧失了根据国家政策可进行强制性征收的法宝，对村民的控制力大幅度降低。但如果农业税征收时期有集体主义的话，那么也只能称之为"强制性集体主义"，现阶段的所谓"个人主义"，又何尝不是一种钟摆效应的体现。随着农业税退出历史舞台，乡镇干部对村民生活的政治性嵌入也大幅度降低，同时，随着现代化浪潮的冲击，农村社会已不再只是血缘、地缘、业缘的场域，趣缘、学缘、利缘等新的农村社会关系类型已然出现（赵文杰，2018）。农村社会关系的复杂化、多样化必然对行政部门的农村治理提出了更高的要求。

对农业税和各种分担金的强制性征收，村民们记忆犹新，再加上近年来青壮年的流失以及消费欲望和贫富差距的同时扩大，加重了对未来的焦虑感。在这些因素的重叠下，即使2007年国务院和农业部共同发布了"一事一议制度"，规定了农田水利和土地治理等公益事业所需资金，采取由村民参加的"一事一议"的筹集办法，但都没有改变行政权威的不断衰落。虽然，在中国一些富庶的村落中，其治理看似章法得当，但并非在村民参与下的治理，而是依赖于将村落成功企业化的村干部的个人权威，反之，在没有经济活力的村落则成为一个没有凝聚力的、散漫的村落组织（滝田豪，2009）。在所调查的村落中，并没有一个卡里斯玛型的企业家，因

① 2015年8月21日，于J省D县J村。

此，村落急需的公共事业建设处于停滞状态。村民所渴求的卡里斯玛是一个能让村落快速发展的人物，其中所谓的发展即是指经济条件的改善。在追求更富裕、更便利的现代化生活中，主体性地去解决垃圾问题的意识自然也就被稀释掉了。

三　环境巨变中村民的认知与行为的断裂

对乡村的想象本是青山绿水、田园风光的乡愁之地，而农村环境问题的持续恶化加大了城乡之间的差距，催促着农村青年人脱离乡土的步伐。那么，村民对当地环境问题有着怎样的思考？从基层单位的干部和村民的话语中可以得知，他们对周遭环境的巨大变化有着切身的体会。

D县H镇的Z干部针对当地的环境问题说道："国家应该研究啊，化肥、农药的无限制投入使用，对环境伤害大。现在河沟里的鱼啊，很少，除非下大雨，把水库里的鱼往上顶。以前我小时候，只要有水就有鱼，鱼有的是，青蛙连成片，现在青蛙很少很少，基本都没有了。有的就是红头蛤蟆，它的适应环境能力强，还比较多。癞蛤蟆现在都少了。像青蛙一样，食物链应该在农村没断，但癞蛤蟆对水质要求比较高，适应不了。现在还有人回收癞蛤蟆的，采毒、采皮，但很少了。以前夏天伏里，晚上打灯，蚊子、小咬儿、盖盖虫很多，就能看到很多癞蛤蟆。你就看见'扑通扑通'的，瞅着都膈应[①]人。繁殖季节的时候，小蛤蟆子遍地都是，特别多，现在都没有了。"[②] Z干部今年55岁，是当地土生土长的农家子弟，从自身的成长经历哀叹着环境的恶化。

在当地的正式调研于6月末进行，正值草长莺飞，听取蛙声一片的时节，然而，诚如Z干部指出的那样，已变为"寂静的夏

---

① 膈应：讨厌之意。

② 2017年6月23日，于J省D县H镇政府。

天”。ZY 村村民 OE（男，50 岁）也有着同样的想法，“化肥肯定得用老多了，不用不好使啊。从稻苗开始，药就没断过。现在你不用化肥农药都不长呀。没有两倍也差不多了，从前一开始的时候，一亩地半袋肥就行了，现在一亩地两袋肥。主要是地，地残了。地越种，营养越少呗。……因为农药的使用，你像以前有小泥鳅、小鱼子，现在都没有了”[①]。地力已接近枯竭，让他产生了强烈的危机感。但当被问到，是否会为此减少农药化肥的使用时，他答道“我一个人这么干，没啥用，现在都这样”。与其他访谈对象同样，个体最大的合理化已成为当地村民理所当然的选择。

H 镇领导班子成员的大多数来自县政府的委派或从其他乡镇的调任，而 Z 干部长则从出生起就未曾离开过 H 镇。他于镇政府附近购置了房屋，但逢节假日必回村子里照看自家的田地。翌年 8 月的调研来到了 Z 干部位于 ZS 村的家中。从大门进入里屋的院子里有一块 30 平方米左右的葡萄园和菜地，他指着放在院墙边的农药喷雾桶说，“我平时就用这个给葡萄架打药。一打叶子都翻过来了，空气中都有毒药成分，叶子都会折了。而且咱们直接对比的话，挨着旱田的水田，打不少药，一场雨下来，药顺着水下来，稻子就死了，他有那个农药成分呀[②]”。但在前一年的访谈中，他曾经明确阐述了对环境恶化的感受，“国家就应该限制化肥、农药的使用量……现在旱田的施肥，叫‘一炮轰’轰得大啊，原来一亩地用 100 来斤（化肥），现在得用 200 多斤[③]”。然而，矛盾的是其本人一边在指责农药化肥乱用的危害，另一边也在恣意地使用着农药化肥。那么，农药化肥的用量用法以及相关的环境知识，是否有相应的获取渠道？同行的另一位 L 干部指出，“农业站是有专门技术培训的，有人给讲。但面对千家万户，老百姓的利益所在，老百姓不听你的。你多打一次农药，多上点化肥，产量就上去了。你家不打就上不去，特别是近些年农作物又不挣钱，所以能产多少就尽

① 2017 年 6 月 24 日，于 J 省 D 县 ZY 村。
② 2018 年 8 月 17 日，于 J 省 D 县 ZS 村。
③ 2017 年 6 月 23 日，于 J 省 D 县 H 镇政府。

量产①”。在面对短期利益的现实问题时，具有普遍性的科学知识没有成为首选，而是当地村民之间相互比较后所形成的集体性常识发挥着主要效力。

无论是农药化肥问题，还是垃圾增多的问题，村民一面哀叹着环境的恶化，一面在生产生活中以实际行动破坏着环境，而这样的矛盾体，体现在每一个访谈对象的话语中。但这样的矛盾体仿佛浑然天成一般，丝毫未引起他们的关注。从他们的话语来看，在实践中起到关键作用的不是农药化肥用法的科学规范，而是从邻居那里听到看到的，及通过自己的体验所获得的实践知识。这些沉入到不言自明领域中的实践知识，构成了村民日常生活世界的常识，成为环境行为的主要依据。农村环境问题的恶化，除了村民不言自明的常识需要加以解构之外，其中隐蔽的、无形的权力作用同样需要加以解析，进而才能理解农村环境整治严重滞后的根源。

四　小结——村落现代化的风险

吉登斯（2000）曾反复强调现代是一个充满风险的社会，他把人类对社会和自然的“控制性干预”产生的风险称为“人为的风险”，把这方面的不确定称为“人为的不确定性”。② 其中后果严重的风险里，生态问题最为突出，其威胁是社会组织起来的知识的结果，是通过工业化对物质世界的影响而产生的。这一指摘并非吉登斯的凭空臆测，而是环境公害曾普遍出现于战后经济腾飞时期的发达国家。进入 20 世纪 80 年代后，随着大量生产、大量消费的消费主义所带来的环境负荷，促使以一部分先进国家的普通消费者为中心，形成了环境友好型的消费行动，节能减排、资源循环的理念开始渗透于他们的生活之中。

---

① 2018 年 8 月 17 日，于 J 省 D 县 ZS 村。

② 参见吉登斯《超越左与右——激进政治的未来》，李惠斌等译，社会科学文献出版社 2000 年版。吉登斯：《现代性的后果》，田禾译，译林出版社 2000 年版。

反观中国，现代性本身所具有的困境尚未克服之外，农民高涨的消费欲求、村落共同体的碎片化，行政权威的式微，可想而知在社会变迁这一大背景下，农村环境问题，乃至社会治理的难度。不可否认的是，农村治理的各项事务中，环境问题想当然地被排在了农村产业化、市场化，以及个体致富之后的序列之中。而在环境治理中，只要不是类似于因工厂排污而引起的激烈的环境抗争，生活垃圾问题不会成为治理重点。但对垃圾问题的放任实际上导致的是村民精神世界的退化，是他们眼睁睁地看着自己的家园一点一滴地劣化而无所作为。对于这样一个地方，村民难以从心底热爱这片故土，当然也不会全力地投身于乡土的重振。这也是为什么在上述的访谈中年纪较大的村民没有一个希望自己的子女留在当地的原因所在。

城镇化和工业化吸引着离土离农的村民。村民移居城镇，一方面城镇垃圾处理体系在人口膨胀而带来的生活垃圾的巨大压力下已不堪重负；另一方面，城镇新移民的流入与农村人口的减少，致使前者的公共性不能及时建立，后者的人口减少又使得村落共同体进一步碎片化。有了移居之地的村民更是对村委会的权威不屑一顾，垃圾治理难度更加突出。同时，为满足高涨的消费欲望，村民致富的生产经营方式已远不止停留于农耕，调研地一部分农户的养殖业产值已经高于农作物的经济收益。但其环境代价并不在他们的考量之中，投入大量农药与化肥这一竭泽而渔的农耕方式已造成“地力”的衰竭。为追求经济利益的最大化，自家院子里开展的养殖业的异味和粪便所引起的邻里纠纷，更是对解决垃圾问题所需要的村民公共性极具破坏。但如果我们只是置身事外地批判他们的环境行动，无视社会结构及现代社会的两难困境带给他们的压力，那么非但不能解决问题，甚至是强化了现有的环境权益失衡的社会结构。因此在解决问题之前，我们有必要厘清垃圾与村民之间，以及以垃圾问题为背景的人与人之间的互动到底呈现了哪些特性，以及村民为何能够容忍垃圾问题在自己的生活空间内长时间存在，社会结构与村民个体之间又有着怎样的互动关系？为回答这些问题，本研究将于下述的两章来展开后续的分析，厘清垃圾问题的社会特性，以试图呈现新局面下农村垃圾问题的全貌。

第七章　农村生活垃圾问题的多重结构

——基于环境社会学两大范式的解析

一　问题的提出

农村垃圾问题是在村民日常生活中不断叠加而衍生的环境危机，其堆积、散乱已成为村落图景中的一部分。多番整治政策的出台下，该问题却依然沉疴难愈，说明这不仅仅是一个经济或技术的环境问题，更是一个多层次的、结构化的社会问题。针对这一议题，有研究聚焦于农村生活垃圾特征、处理技术与模式的分析，以及相关政策与法规的探讨。例如，张英民（2014）、张立秋（2014）、李广贺（2010）的《农村生活垃圾收集处理及资源化系列丛书》中对中国农村生活垃圾的特征、处理、资源化管理进行了系统性概述，并对部分农村生活垃圾产业进行了调查，以及对不同类型农村生活垃圾收集处理实例进行了分析。由此指出了一些现实问题，比如乡村规划编制和实施较为滞后，用地布局不尽合理，农村规划建设管理较为薄弱，技术人员的专业知识不足、管理体制落后等。与此类似的研究论文，王莎等（2014）；杨曙辉等（2010）；陈军（2007）等皆对农村垃圾的现状与处理模式进行了探讨，也都指出了村民环保意识欠缺，政府治理农村垃圾的缺位，缺乏垃圾治理制度体系的管理等问题。章也微（2004）直接将环境问题当作一个经济问题，主张应该加强政府在解决农村环境问题中的主导作用。对现状的量化研究，岳波等（2014）共统计了134

个村庄生活垃圾情况，分析了农村生活垃圾的产生特性及其组分特点。此外，还有赵晶薇等（2014）对于垃圾处理模式进行探讨，指出村民环保意识欠缺，政府治理不足等问题；于晓勇（2010）等进行了北方农村生活垃圾分类模式的研究；魏佳容（2014）等根据问卷调查，提出对基层单位加强污染防治及村民教育等措施；周凤箫（2020）指出农村垃圾分类的必要性，分析了农村垃圾分类的难点，提出相关建议，以期更顺利地促进农村垃圾分类的进程，推进美丽乡村建设。

除了中文文献外，针对中国农村地区的垃圾问题，如 Liu et al.（2014）；Du et al.（2014）；Huang et al.（2013）等人的英文文献也大都将焦点放置于农村垃圾的排放量、特性与成因的分析上，同样缺乏以村民的视角而进行的考察论述。此外，Zeng 等（2015）通过调查，提出生活固体垃圾主要以食物残渣和煤灰/煤渣/粉尘（约 70%）为主，并提出建立分拣集运网络，促进分拣回收的解决建议；Wang 等（2017）关注农村地区的废物收集、运输及处理设施。在日文文献中，例如，金太宇（2013）；徐开钦（2010）等人的研究对中国农村垃圾问题的分析视角主要集中于围绕垃圾处理厂的纷争，及所面临的课题等政策性分析。此外，由于环境问题的越境性质，日本学者对中国的大气污染、水污染、沙漠化及政策与治理给予了极大的关注（寺西俊一，2006；井村秀文，2007；北川秀树，2008），但对中国生活垃圾问题的深入探讨较少。

如上一章所示，当下的农村社会也已迈入了大众消费社会的门槛——大量生产、大量消费、大量废弃的时代已然来临。每日源源不断产生的垃圾量必定会远远超过可处理量的界限，再加上农村庞大的人口基数、广袤的地域及未建立的垃圾处理体系，在可预见的未来，村民生活依然会与垃圾交织在一起。而生活是一个多重的结构，正如日本环境社会学家饭岛伸子（1993；1999）针对日本公害问题曾提出，公害是对公害病患者生活的系统性破坏——不只是身体或生命的损害，更导致了公害病患者在生活整体上——家庭生活、社交、人生规划等层面的破坏。彼时的公害问题，排污工厂与周边居民的利益结构，即加害与被害的界限泾渭分明，而现下中国农村的垃圾问题，村民既是加害者，也是利益的受损者，利益边界模糊。但这也同时意味着村民的生活结构与垃圾问题的交织，形成了互构的关系。利益边界的模糊就有必要呈现垃圾问题对他们的生活结构到底造成了哪些损害。因为，在大众消费社会中，只有每个人在日常生活中践行 4R 的理念，才有可能缓解垃圾问题的持续恶化。而前提是公众，尤其是村民，能够认识到垃圾问题不仅是直观上的环境劣化，更是对他们自身生活系统的破坏，才有可能触发切实的环境行动。同时，治理政策，如垃圾分类，也仅仅是治理链条中的一环，而单靠如急雨般的行政力量的运动式治理术，缺乏相应的居民环境学习、参与式治理等环节，最终难以嵌入到居民生活之中，其效力就不可能行之久远，一如 2007 年出台的“限塑令”。

因此，任何治理政策的制定与实施应如同一根链条一样，是连接的，而非断裂的，是统合的，而非孤立的，每个环节只有在链条中存在才有其生命力。中国的生活垃圾问题，尤其是在农村地区更是深刻地融入村民的生活系统之中，如若制定更具嵌入性的治理政策，其前提也有赖于厘清垃圾问题对现实生活到底产生了哪些冲击，才能促动村民主体性的参与治理。而上述的先行研究过于集中在“应然”的状态，缺乏对问题本身的关注，致使事物本来面目的多层次性并未得以充分地呈现。同时，无论是现状的概述，还是技术性对策的分析，皆缺乏了解决垃圾问题的主体——村民的角色，往往只是指出村民的环境意识欠缺，而并没有提出切实可行的解决之道。如果忽视了垃圾问题演变中村民作为当事者的角色，以及他们与垃圾之间长年的“共生、共存”这一现状，也就意味着垃圾在乡村不再是一个特别的存在，村民也就难以成为问题解决的当事者。为此，本章以回到问题本身为宗旨，通过半结构式访谈及参与观察的研究方法，来呈现农村生活垃圾问题所蕴含的多重结构，并为后续在探寻垃圾问题的公共治理之道时打下基础。

二 理论视角

美国学者卡顿与邓拉普（Catton&Dunlap，1978）首次提出社会学需要摆脱既有“人类中心主义”的影响，开辟出新的研究范式，即实现从“人类优先主义范式”（Human Exemptionalism Paradigm）到“新生态范式”（New Ecological Paradigm）的转变。这就需要基于“人类社会对环境依存”这一前提，建立起“环境社会学”这一新的学科分支，将环境问题视为社会及社会学的重要问题，其基本范式包括探究人与自然环境之间的关系及环境问题背景下人与人之间的关系。

在这之后，各国的环境社会学者，都在不断地丰富充实这一新兴学科分支的研究领域。比如日本经历过“二战”后公害问题丛生的时期，日本的社会学者运用中层理论对公害问题的受害者的生活进行了细致的考察。其中饭岛伸子的“被害结构论”（1993）十分具有代表性，他关注排污工厂（加害者）对周围居民（被害者）生活各个层面所造成的恶性影响，运用了人与自然环境之间关系的范式。中国环境社会学者张玉林（2010）对于中国日益增多的环境抗争事件进行了深入分析，探讨在环境污染问题的背景下，“环境群体性事件”的社会学意义，所运用的便是环境问题背景下人与人之间关系的范式。此外，对于学科范式，林兵（2017）系统地梳理了环境社会学诞生以来的研究主题，由此提出学科的基本特征：关系（行动）主义与制度主义，认为中国环境社会学的研究，既应当注重在多元化的研究领域中保持学科自身的范式特征，同时也不能忽视对宏观制度层面的探究。

迄今，针对农村生活垃圾问题的环境社会学研究，在理论应用上并没有将“人与自然环境的关系”范式和“环境问题背景下人与人的关系”结合起来进行探讨的实证研究。农村生活垃圾作为一个横跨自然环境与人类社会环境的问题，对其分析势必要以更广阔的视角，而这两大范式乍看起来似乎是一对宏大的、抽象的理论体系。实则不然，这两大范式作为中层理论，可以在日常生活中找到其可验性、可观察性的应用途径。因此，本章也将回归环境社会学最初的研究范式，探讨生活垃圾问题化过程中人与环境、人与人的关系。即，对事物本身的描述，除了环境问题背景下人与人之间的关系之外，环境社会学还应探讨人与自然环境之间的关系。农村生活垃圾问题恰恰体现出这两个范式的特质。一方面，生活垃圾在社会问题化过程中存在着人与环境之间的交互，即，人类社会副产品的环境问题化，及其对村民生活的系统性冲击。另一方面，以农村垃圾问题为背景，考察其如何作用于村民、村干部等当事者之间的社会关系，厘清其对村落共同体碎片化的加速功能。在分别运用两大范式进行分析的基础上，再将范式作为中轴，以二者的融会交叉来呈现出农村生活垃圾问题的特质，从而为推进生活垃圾的长久治理提供新的思考。

此外，包括本章在内本书第二部分的实证研究还将选取质性研究方法中“生活世界”的研究视角。这一概念由舒茨（Schutz，1972）从哲学引入社会学，并形成现象学社会学的流派。他认为，生活世界是一个常人世界，是一种人们所经验的主体间性世界。他将研究对象视为“现象”，并还原成最初赋予意义的经验，而其针对的是处于生活世界中，具有自然态度（人们对生活所持的最初的、朴素的、未经批判反思的态度）的社会行动者的主观意识，力求从生活世界内部出发阐明其意义的结构（杨善华，2009）。

日常生活，这一舒茨眼中的“至尊现实”便成为生活世界最关键的内容，而它不仅是个人与社会关系的一种转向，也是目前农村研究的切入点和不可或缺的领域，即“通过探究属于中国社会底蕴的、‘恒常’的东西，去对农村的现实社会环境作出解释”（杨善华等，2005）。从表面上看，它是村民每日所经历的稀松平常的生活，是吃喝拉撒过日子（朱善杰，2016）。然而在其背后，日常生活会受到多重因素的影响与制约，宏观的社会变迁和体制革新都会在个人的生命历程中得以投射，生活世界中看似不经意，潜意识下的行为与观念都离不开周围的客观形塑。

垃圾问题与村民的日常生活紧密联系，是村民每天都会接触和感受到的问题，直接关系到其生活环境与质量。因而，感知与洞察村民的生活世界有助于理解和探究村民在垃圾问题中的态度与选择，在感知的基础上，通过环境社会学的两大范式对其进行分析和阐释，便是本章在这一问题的解析中所运用的质性研究方法。

三　范式一——垃圾问题与村民生活的交互

正如前文所述，以环境社会学的范式呈现生活垃圾问题的全貌，探析生活垃圾问题与村民“生活世界”之间的深刻联系是本章的中心旨趣，以此进一步探究生活垃圾问题的生成过程及治理现状。生活世界的意涵是丰富的，体现在日常交往世界、日常消费世界、日常观念世界等多重层面（衣俊卿，1994）。而垃圾问题的出现不仅与村民的生活世界息息相关，更与村民的切身利益密不可分。农村垃圾问题与村民生活的相互嵌入，已使村落的自然环境与村民的生活结构均出现了系统性的恶化。这也就需要对村民的生活世界进行结构性分析，即探究长期以来垃圾问题与村民生活结构积累形成的相互作用关系，其中包括以身体健康、劳作、家庭生活为主的个人生活，以及他们长远的人生规划，也包括本应该携手应对垃圾问题的邻里关系与村落治理的社会生活。而本节着重分析垃圾问题与村民日常生活的关系，即环境社会学基本范式中“人与环境的关系”的运用。

（一）生活垃圾的社会问题化过程

1. 对自然环境的“讽刺性依赖”

在访谈过程中，各个村落的村民们与村镇干部都在感慨相比以前，生活垃圾呈现翻倍的增长：

"哎呀，都不敢想呀，太多了，特别是方便袋，也不烂……现在吃得好了，住得好了，穿也好了，那破衣服扔得老多了……不穿就扔，没人穿旧衣服，穿补的衣服。"①

"路西边儿，可多垃圾了…现在长草你看不见，都扔在草里面了。像玉米棒、破沙发、破床、破被子，可多了，都在那边大渠呢。大渠还是专门挖的呢，可是人们不管那个。人家自己就图方便，'嗙嗙'一扔完事儿。"②

"现在不一样了，一场大雨下来，破衣服、死猫烂狗的，都能在道边、河边看到。以前没有扔衣服的，现在破衣服、破鞋，都是往道边上扔，还有用电猫③电了二十多个老鼠，扔在路边被大车、轿车轧死了，这容易有传染病。"④

激增的垃圾长期露天堆积在调研村落中，"垃圾围村"的现象已成普遍态势。然而，这样的生活消费模式一旦形成，就会衍生出生产—消费—破坏的恶性循环，生活垃圾的急剧增加便成为毋庸置疑的事实。红白喜事的铺张、网购的兴起等等，无不在加剧农村生活垃圾的激增。而曾经带给村民消费满足感的生活废弃品并没有得到妥当的安置，被无序地堆积在村落周围直至腐烂发臭便是其最终的命运。

在D县X村⑤，流经村落的一条"大河⑥"滋养了居住在此的世代村民，一直以来都是村子的水源地，因为天然河水灌溉，村民做出的"干豆腐""煎饼"为十里八乡所称赞。然而现在，大河两旁充斥着大量的生活垃圾，更有白色泡沫、化肥包装瓶、喷洒农药

---

① 2017年6月25日，于J省D县X村。

② 2017年8月8日，于H省Z县B村。

③ 电猫，一种电子的灭鼠工具。

④ 2017年6月23日，于J省D县H镇政府。

⑤ X村离H镇中心约5公里，共972人，270户。该村由于离镇中心较近，因此除了种植玉米等农作物之外，经营小商店、小饭店，以及养殖业较为发达。这也导致该村的垃圾成分较为复杂，除了主要街道由清洁工进行处理（掩埋、焚烧）外，村民的生活垃圾大都任由村民扔在河边、路边等处。

⑥ 大河：X村村民的叫法，非正式地理名称。

的农具、衣服、秸秆等都混杂地浸泡在河水里。长期的垃圾倾倒让河水变得浑浊不清，桥下区域的河水已经发黑冒泡，随意倾倒的生活垃圾无疑已经远远超出了河流自身的净化能力，对水质及周围土壤的污染已是众人皆知。然而多年以来，村民已经被形塑出一种"惯习"，"怎么方便怎么倒"，即便修建了垃圾填埋场，将部分生活垃圾进行清运，时至今日，固体垃圾、泔水、下水仍旧会倒入河中。

在村民的生活世界里，村民既有的活动方式是一种重复性思维与实践，受到传统习俗、经验、常识的影响。在传统农业社会，向河中倾倒的废物较少，河水的自净能力足以保持水质，但如今，村民的生活结构发生了剧烈变迁，卷入到追求高效便捷的现代化大潮之中。垃圾的总量成倍增加，成分变得更加复杂，例如塑料包装所带来的"白色困扰"。但是村落并没有与之相应的处理方法及设施，许多村民却仍旧以一种对待传统农业社会生产生活垃圾的方式去处理"现代垃圾"，这种沿袭下来的传统惯习无疑让"大河"问题加剧和恶化。对此，镇干部 W 提到，"8 月的时候你们来，大河就干净了，涨大水了，垃圾就冲走了…… 就是下游的人比较倒霉，谁让他在下游，属于'天灾'……只能看看以后怎么治理了①"。可见，在生活垃圾如何处置的议题上，村民已经形成一种对于自然的"讽刺性依赖"，一方面以一种不计后果的心态保持着破坏自然环境的生活方式，另一方面却又在依赖自然的力量来消解问题，被动等待着大雨或是汛期的来临。垃圾问题在村民的生活世界中仿佛拥有了"隐身"的功能，将垃圾倾倒之后立即转身离开的村民对此视而不见。在这种"讽刺性依赖"行为的作用下，成倍激增的生活垃圾已经蔓延到周围的农田与河流，村民的生产生活环境都面临着不断恶化的境地。

2. 既有治理体系的局限

面对这一问题，相关行政部门亦颁布了规章制度进行治理。而在调研村落中，目前生活垃圾的治理都是由村镇干部主导进行。H

---

① 2017 年 6 月 25 日，于 J 省 D 县 H 镇政府。

省 B 村[①]所在乡镇曾被作为环境整治的重点村，有县级财政拨款的专门经费，于是实行了“清扫队制度”。村干部提到，乡政府也给村子配备了电动和机动清扫车，规定一星期最少清理一次。此外，还会在村广播里进行宣传，比如不要乱扔垃圾，学会干湿分类，等等。村子里有 5 位村民担任了清扫的工作，负责打扫街道，清运到“垃圾点”。然而村干部所说的“垃圾点”，就是村落周边。据村民描述，时隔半年之久才会用铲车清理到村西边一个废弃的养鱼池。几位负责清扫的村民也只是将放置在门前小巷的垃圾清理到村落周边，生活垃圾仍旧是露天堆积。在被问及村落周边垃圾什么时候清运时，村民 R（男，58）说道：“基本上就没见人运过啊！堆在那儿，就算那样了，现在就是从村子里运到大路边儿上……你想，现在人们都不往地里面上肥，淘大粪就都倒在‘清水沟’[②] 里面了。出了公路，往沟里一倒，就算完事儿了。”[③]

在 D 县 ZY 村，村书记 Y 在村子中属于“克里斯马型”人物，自己策划实行了类似的“保洁员制度”，每天都会进行村子主干道的清扫，把垃圾运到距离村子不到一里地的“大坑”当中。“我们保洁员六点就起来收拾，收拾完，就等着（车）进来掩埋。攒个一大堆就焚烧，焚烧之后啊，也是挖大坑再埋，满了，再挖个坑……这个坑花了两万块钱啊，征地花了八千，拿钩机整了个大沟，钩机费就花了七八千，咱们今年又拿了村里两万经费啊[④]”。ZY 村主干道的生活垃圾目前已经填埋了两个“大坑”，然而一深入到村子内部，生活垃圾遍地，家畜的粪便随意堆积在街头巷尾。

---

① B 村位于 H 省 Z 县最东部，地处河流的三角洲地带，是行政村与自然村的融合，也是满族大村。全村共 859 户，2853 人，其中满族人口 386 人。耕地共 3338 亩，其中水浇地 2225 亩，本村以水稻、玉米、酿酒葡萄种植为主。但是由于近些年农作物价格下跌，城镇化大潮的推进，众多村民不再从事农业种植，选择外出务工或是移居镇里。尤其是酿酒葡萄价格大幅下降，致使目前 B 村葡萄种植规模大幅度下降。不论是村民的个人生活，还是之前繁荣的农业种植，这个曾经远近闻名的鱼米之乡正在经历着急剧的变迁。

② 清水沟：指 B 村中废弃的沟渠。

③ 2017 年 8 月 8 日，于 H 省 Z 县 B 村。

④ 2017 年 6 月 24 日，于 J 省 D 县 ZY 村村委会。

居住在村子内的村民距离“大坑”较远，没有保洁员来进行清运，随手扔在“西边的河套”成为这里居民的生活垃圾处理方式。

不仅是B村、ZY村，调研地区的村镇干部普遍认为目前生活垃圾的治理还存在很大困难。缺乏治理经费、村民难以动员等问题使得覆盖整个村落的垃圾治理无法实现，基层行政机构仍旧难以在村落环境治理中发挥强有力的作用。此外，各个村落都没有正规的垃圾处理场，多是村干部商量在村子附近地域选择简易的垃圾堆放地，比如距离村子几里地之外废弃的沙场、鱼池、山沟等，其所能容纳的生活垃圾数量依然有限。露天焚烧、“挖个坑，埋点土”便是目前的处理方式，长此以往，这种粗放的治理体系对于村落环境会有积重难返的危害。

（二）生活垃圾问题的反噬

1. 对劳作的影响

人与环境之间的互动并非单向度的，既已形成的垃圾问题同样会反噬到村民的生活世界。生活垃圾问题如今已成为村民颇具现代性的困扰，“生于斯长于斯”的他们便成了这一问题最大的受害者。蔓延到村落周围的农田与河流的大量生活垃圾，已对村民劳作造成负面影响。在D县ZY村，政府出资修建的水渠都已被垃圾填满，农田的灌溉水已无法流通，同时还散发着难闻的气味。村民N（男，53岁）提到，每年耕种的时候，都需要村民们自己将水渠清理，才能进行农作物种植。“老难摆弄了①，里面就是啥都扔，你告诉他不扔都不行，年年还得给清一遍。”②

在Z县B村，生活垃圾也已经波及附近的农田，形成数十米的垃圾带，而距离垃圾带不到十米的地方仍居住着几户村民。一位年长的村民Q（男，72岁）说道：“这地就种不了了，人们也就糊弄着种地……（垃圾）就是没人给管，没人给弄，种地也没人给弄水……这地都应该种稻子的，没水种玉米也白种，为什么人们现

---

① 老难摆弄了：东北地区方言，指事情棘手，很难处理。

② 2017年6月24日，于J省D县ZY村。

在就都不种地了，出去打工啊！……就一进村那块儿，都成荒滩了，那‘清水沟’就是一直地填。”[①] 对于“清水沟”的问题，村民M（男，66岁）也在感慨，“你像我们小时候，大概是像我孙子现在这么大。清水沟里面好多鱼啊，虾啊，我们都去抓鱼、捞虾，以前冬天有一股水，夏天的时候水可大了……现在都成垃圾了，哪有鱼啊？渠也没了，都是垃圾[②]”。由于生活垃圾问题的出现，村子大路两旁几十年间潺潺清水流过的沟渠，如今已经完全变了模样，但是B村村民依旧沿袭了老一辈人的叫法——“清水沟”。即便与事实相悖，“清水沟”的叫法仍旧被沿用，但是曾经与自然和谐共存的传统乡土社会，却只成为封存在村民脑海中的回忆。

2. 对身心的影响

生活垃圾的粗放式处理也在不同程度上影响着村民身体健康。在调研过程中，村民普遍反映生活垃圾中塑料袋的数量很大，而村民日常消费中所积攒的塑料袋大多并没有达到降解标准，通常需要上百年甚至千年的时间才会被完全降解。如今塑料制品已经深刻地融入村民的生活中，成为日常生活的必要工具，也成为生活垃圾问题的重要构成。当大量垃圾袋造成生活困扰时，调研地区的许多村民都会在自家里进行焚烧，用来点炉子、烧炕，“挺好，这样干净”就是村民对于焚烧的态度。但是在被问及焚烧对于身体及生活环境造成的危害时，多数村民们显然并不知晓。他们甚至认为塑料袋的焚烧与村落周围的垃圾堆、秸秆的焚烧没什么差别，可见焚烧垃圾的行为在当地的普及程度。

塑料垃圾在焚烧之后，往往会产生大量的有害气体，其中二噁英类污染物，属于公认的一级致癌物，即使微量也能在身体内长期蓄积，其毒性相当于剧毒物质氰化物的130倍、砒霜的900倍（罗春等，2011）。即便是在中国城市修建的正规垃圾焚烧

---

① 2017年8月8日，于H省Z县B村。

② 2017年8月8日，于H省Z县B村。

场，焚烧所产生气体及灰烬的处理都依然存在着潜在的危害，就更加可以想见村民自身不经任何环保处理就在家中焚烧塑料袋，或是将村落周围的垃圾堆、秸秆进行焚烧时所产生的气体对于身体及环境长期且慢性的危害。而在村民的生活世界中，二噁英这样的毒物也只是焚烧过后的一缕白烟，是生火做饭烧炕时的“烟火气”，并没有什么大碍。自然环境与人居环境间的各个要素是一个有机的整体，不同要素持续进行物质循环和能量交换，存在密切的相互联系。而被生活垃圾所污染的水源、土壤、空气等终将会通过显露或是隐蔽的方式，危害村民的健康乃至整个地区的生活生产环境。

此外，生活垃圾的大量囤积对于村民的心灵实则同样是一种污染。类比众多触目惊心的环境公害事件，其对受害者往往不只局限在身体健康的损害，更有对于心理上的沉重打击，和对于重新融入社会生活所造成的多重排斥（包智明，2010）。在调研中，多数村民对目前的生活环境并不满意，但是自觉无力改变的他们在面对生活垃圾问题时只能自暴自弃。“没处倒（垃圾）啊，农村人就凑合着吧”；“像现在农村人得这个怪病，都跟这个环境有关，一个是吃喝，一个是环境。”① “人们都说农村环境好，好什么啊，别提了。我们是老了，也就在这儿（居住）了。”② 可见，垃圾问题的恶化促使村民对于村落的认同感逐渐下降，甚至形成一种对于世代居住于此村民的变相“驱逐”。

正如前文所述，在生活垃圾问题生成之后，它同样以多种方式反噬到村民的生活及生产环境，持续地影响到日常劳作并造成身心的污染。而除去生活垃圾问题以一种较为直观的方式冲击村民生活结构的这些层面，它同样渗透到村民的邻里关系及村落治理的社会生活，这也便是本文将要探讨的环境社会学第二大范式——环境问题背景下人与人之间的关系。

① 2017年8月9日，于H省Z县B村。
② 2017年8月9日，于H省Z县B村。

四　范式二——垃圾问题背景下村落共同体的碎片化

在环境问题背景下人与人之间关系的范式中，笔者将在本章以农村垃圾问题为背景，考察其如何作用于村民、村干部等群体间的社会关系，厘清由生活垃圾问题带来的冲突、妥协与合作等多重社会互动形式。人际互动是村民生活世界中的重要组成部分，在看似平淡无奇的日常生活中，体现出多样而复杂的交往。中国的乡土社会延续至今，村民之间的“熟人社会”都是在人际交往的基础之上建构的，而围绕生活垃圾问题又有着怎样的村落人际？除去生活垃圾问题以一种较为直观的方式冲击村民生活结构的这些层面，它同样渗透到村民的邻里关系及村落治理的社会生活。在城镇化、过疏化的冲击下，乡土社会的凝聚力本已脆弱不堪，而生活垃圾问题的日常性、普遍性更是带来了邻里矛盾的常态化现象。经过长年累月的积淀，加速了村共同体的碎片化。在调研过程中笔者发现，尽管这是一个人人在日常生活中必须面对的问题，但在邻里之间、村民与村干部之间的交往中该问题则呈现出一种欲言又止、互不信任的微妙景象。此节运用环境社会学第二大范式——环境问题背景下人与人之间的关系为切入点来分析下述问题。

（一）垃圾散乱中的纠葛

对于生活垃圾问题，村民在与邻里尝试沟通失败之后往往选择保全自身，通过回避由此产生的纠纷与矛盾，以息事宁人。在D县ZY村，村民们有时会因垃圾堆放在哪儿与邻居产生冲突。当被问到是否有彼此协商一下，放置在统一的地方，村民N回答道：“你在农村，说和没说一样，还得罪人。你像老李家，这么些年，他家的泔水，就倒我们园子那儿了……他（邻居）想怎么整就怎么整吧。主要是你得罪人，人家还不改变[①]。”村民P（男，61岁）也提到：“农村人现在属于这种无理取闹型的……这边（指ZY村）还好呢，在我妈家那边更没法整，就是一家一个垃圾堆，本来路面特别宽，突然就给占得特别窄。然后你跟他讲，也没有用，谁家我能多占点地儿，我就多占点地儿。就那种感觉，农民一般都意识不到这种问题。”[②]

在Z县B村，村民S（男，48岁）的房屋后堆积了大量的生活垃圾，对此他无奈地说道：“本来在三柱（其他村民）他们那儿倒垃圾，后来人们给倒太多了。在后窗户那块，（垃圾堆放的气味）把人家给呛的呀。人家就把那块地栅住了。你说人们也没处扔，我就把我那个（栅栏）给弄开了。弄开了，人们又继续往后面倒。我也挺生气啊，但是咱也没处倒，弄开就弄开吧，管他呢。”[③] 可见，本应携手应对垃圾问题的邻里关系并未形成，面对被侵害的环境权益，村民们也只能是束手无策。如今村子中的集体活动是每天晚上的广场舞和扭秧歌，是家长里短的闲坐聊天，生活垃圾这一关系到每位村民日常生活的环境问题并未出现在这仅有的公共空间当中。

村民与村干部之间的关系则更为复杂，往往呈现出一种相互推诿，互不信任的状态。村镇干部普遍认为村民在垃圾治理工作中很难动员，“只要是让老百姓参与的工作都难”；“如果不用法律手段、不用经济手段，对农民一点儿招儿都没有[④]”。而普通村民则以“得罪人、管不了”，“那是政府应该做的”作为不去参与公共事务的说辞。

在调研中得知，村民并不了解目前与垃圾问题有关的政策措施，由村镇干部制定的“卫生公约”与“村规民约”在村民眼中形同一纸空文。在D县城边的村子H村，镇政府为了防止村民一直向河沟倾倒垃圾，安装了两米多高的栅栏，村民显然并不了解，

---

① 2017年6月24日，于J省D县ZY村。
② 2017年6月24日，于J省D县ZY村。
③ 2017年8月9日，于H省Z县B村。
④ 2017年6月24日，于J省D县ZY村委会。

“可能为了安全吧”便是村民给予笔者的回答。当被问及垃圾问题日益严重，是否与村干部进行交流反映时，村民们全部以下述的消极态度来回避①：

> “咱农民对这个不了解，哪管哪不管这事也不清楚。”
>
> “谁管呢？你往哪儿反映去啊？人家管你这个啊，都是怕得罪人。”
>
> “有那个胆儿吗，你反映完回来，人家不收拾你？”
>
> “没人反映，农村里面弄成什么样也没人反映……没人说这个，谁也不说。尤其是村委会，一般的村民，你是进不去，人家也不说，也就是稀里糊涂地干。按理说都在这儿住着，都影响到了个人生活，切身利益，但是没人说这个。”
>
> “反映啥了，没得反映……啥也不管了，我们也老了。年轻人都不在家，我们也就是看门的。现在这个说不好，个人就管个人的。”

在这样的话语中可以明显感受到，村民已然放弃自身的环境权利，与村干部之间存在着沟通脱节的现象，对于这一问题几乎处于全然被动的位置。

在B村，每隔几户人家就可以看到一小堆垃圾，当询问村民为什么会这么堆放时，村民M说：“这是最近堆起来的。现在有了专门收拾的人，人们都不愿意往远走了。以前都担着桶倒到清水沟里，现在有收拾的（人），人们都堆在门口了。”② 对此，村委会成员TS提到，“现在老百姓想的是，只要我附近不寒碜就行，不影响别人就行，公共场所他不管。比如说咱们俩挨着住吧，第一，不能影响我；第二，我也不影响你们。你们一直骂我，我也受不了，我就扔在村子外面。村子外面是什么地方？公共场所，说起来是公家的。最起码大家不说我，都是这种意愿。可以说是有小素质，没

① 2017年6月26日，于J省D县H村。

② 2017年8月9日，于H省Z县B村。

大素质[①]”。由此观之，在村民随意倾倒垃圾这一日常行为的背后，折射出的是村民对于自身生活环境权利的让渡，是寄希望于行政机关的依附心理。在现有治理体系中，村民少有自身能动性的发挥和创造性实践，村落也日益呈现出“个体化”的趋势，正如村民所讲的“个人就管个人的”。

（二）发育不充分的个体化

时至今日，中国农村社会已不再是一个单一的、静态的社会体系。从其社会规则来说，传统的伦理道德等公共性规则逐渐被个体居主导地位的新规则取代，形成了以个人为主体的“圈”和以层级结构为主要表现的“层”（宋丽娜、田先红，2011），即圈层结构的出现逐渐瓦解了传统上的差序格局。而逐渐脱离于乡土社会关系网络的个体，一方面加大了他们面对现代社会不确定性的难度，如垃圾问题这一超越个体的现代性课题，另一方面对村集体或行政单位的权威不屑一顾，加大了再嵌入的难度。

上述的“个体化”概念，贝克等（Beck &Beck-Gernsheim，2002）视之为民族国家、阶级、族群及传统家庭所锻造的社会秩序不断衰微的过程，个体成为自身生活的原作者，在历史上首次成为社会再生产的基本单元，这便是我们所处时代的最重要特征。贝克强调了个体化的进程有四项基本特征：去传统化、个体的制度化抽离和再嵌入、被迫追寻“为自己而活”，缺乏真正的个性、系统风险的生平内在化（biographical internalization）。这一进程开始的前提是西欧国家的文化民主化及福利制度，而中国的现代化进程并未通过制度层面的建构以维系个体的基本权利系统，从而形成了中国独特的个体化路径。阎云翔（2012）曾指出，中国社会的个体化是一个发展中的过程，其背景特点包括国家管理、民主文化和福利体制欠发达，以及古典个人主义的发育不充分。在改革开放之后，中国农村历经“生产个体化”的阶段，无疑给个体带来了更多的流动、选择和自由，但国家却没有给予相应的制度保障与支

① 2017 年 8 月 9 日，于 H 省 Z 县 B 村村委会。

持。为了寻求一个新的安全网，或者为了再嵌入，被迫回到家庭和私人关系网络中寻求保障，等于又回到他们脱嵌伊始的地方。回看垃圾问题，村民们的态度实则蕴含一种“古典个人主义”的发育不充分，追求个人生活权益的同时，却并未具备个体化进程中公民所需要的责任与自立。

因此可以看出，调研村落日益呈现出的“个体化”趋势，具有很大的局限性，是“发育不充分的个体化”。这种由传统共同体到现代个体化的过程，同时意味着难以避免的“公共人的衰落”。不论是村民邻里之间的息事宁人、互不干涉，还是村民与村干部之间的相互不信任，都体现出村民对于生活垃圾问题的漠然态度，并没有将其纳入到公共视野当中。类比美国城市社会学者桑内特（Sennett，2008）在《公共人的衰落》中的论述或许可以进一步启发对此问题的思考。他提到 19 世纪资本主义经济秩序带来了强烈冲击，这一时期造成的创伤，促使人们想尽一切办法来抵御这种冲击。他指出人们控制和影响公共秩序的意愿慢慢消退了，人们把更多的精力放在为自己抵御公共秩序上。家庭变成了抵御工具的一种，使得家庭越来越像一个理想的避难所，一个完全自在的、比公共领域具有更高道德价值的世界。

如今，面对当前现代生活的迅速蔓延和侵蚀，村民们显得难以适应，对于现代社会提出的挑战和冲击，往往产生无助和彷徨的心态。因而在社会事务和公共议题上，大多数村民都不愿意去主动介入和积极担当，其日常生活虽已增添了以往社会所不具有的现代性，但对于垃圾问题的现代环保意识却没有与之相对应地确立起来。历经现代化、城镇化进程席卷的村民不愿去过多考虑村落周围堆积连片、成山的垃圾给自己及他人生活带来的影响，仿佛也闻不到就在自家门前几米外的垃圾堆所散发的恶臭。只将自家的院子、门前打扫干净，便是村民生活世界的本真写照。猛烈的现代化潮流冲击之下，面对垃圾问题，村民们都选择退居到个人家庭这个温馨的“避难所”。费孝通（2008）讲述的乡土之“私”，在生活垃圾问题中仍旧展现得淋漓尽致。因为，对于深陷其中的村民来说，跨越垃圾问题这道鸿沟最好的方法并不是积极参与治理，而是移居城镇、外出务工，努力逃离农村进行谋生。

> “留农村有啥啊，啥也没有。”[1]
>
> “有能耐的都走了，反正走得特别多，净是些年轻人。”[2]
>
> “谁走谁便宜。”[3]
>
> “为什么年轻人现在就都往外面跑啊？……你像子女的话，再没文化，不念书，你也想让他往外边去。这地方就没有出路。农村怎么说，形势上也比不了城市。”[4]

从村民们的这番话语中可以知晓，整日辛苦奔波的村民只期待最终可以离开这片土地，城镇才是他们或是子女最终奋斗的落脚处，是更好地融入现代生活的最终选择。然而，这种为了追求个人生活权益，选择离开农村的个体化进程同样加速了分化，导致经济和社会地位意义上的两极分化，而不是仅仅在身份建构和生活政治意义上的社会多元化（阎云翔，2012）。新一代农村年轻人及精英群体的离开，无疑让农村环境建设缺乏新生力量的有效支持和足够重视。而那些囿于经济能力的底层村民就只好逆来顺受、安于现状，成为逃脱不掉垃圾问题的最大受害者。

此外，生活垃圾问题同样恶化了本不融洽的邻里关系、村落社会关系，加速了村落个体化的进程。最初，个体化趋势的体现是对于公共事务治理的旁观态度，让村落缺乏有效的交往行为及其基础之上的公共性，催生出垃圾问题的“集体无意识”状态。于是既已形成的垃圾问题继续被忽视，导致治理难度不断地加大。然而这同样让村民心生无奈，“农村这地方，没什么好环境[5]”，“我们也指望有人管（垃圾问题），但是这事不会有人管的[6]”，这样的言语

---

① 2017 年 8 月 8 日，于 H 省 Z 县 B 村。
② 中国东北方言，此处指移居的村民得到的好处更多。
③ 2017 年 6 月 25 日，于 J 省 D 县 X 村。
④ 2017 年 8 月 8 日，于 H 省 Z 县 B 村。
⑤ 2017 年 6 月 25 日，于 J 省 D 县 X 村。
⑥ 2017 年 8 月 8 日，于 H 省 Z 县 B 村。

在村民当中已是一种共识，愈演愈烈的垃圾问题也让村民之间、村民与村干部之间的社会交往活动流于表面，与其因为难以解决的垃圾问题相互争执，还不如维持“表面和谐”。这实则形成一种村民对于传统共同体依附感的瓦解，增强了村民的原子化趋势。

五　村民生活世界中垃圾问题的社会性特质

（一）两大范式的交叉

在人与环境的关系这一范式中，村民长期以来不当的处理方式，颇具讽刺地依赖自然的降解能力，催生出了生活垃圾问题。农村的环境与城市、城镇不同，村民的生活与大自然之间呈现一种胶着状态，难以清晰划分二者之间的界限，自然嵌入到生活中来，生活也将自然拥入自己的怀抱（鸟越皓之，2009）。而在村落中，生活垃圾问题横亘其中，显露或是隐蔽地危害到村落的自然生态及人居环境。因生活垃圾问题而恶化的生产生活环境同样反噬村民的生活结构，包括村民的农业种植、身心上的影响，以及离开农村的长远规划等多个层面。

在环境问题背景下人与人的关系这一范式中，村落显现出“发育不充分”的个体化特征。对于垃圾问题所影响下的邻里关系，大多数村民都选择了息事宁人，遏制可能会引起的矛盾，选择不让垃圾问题去影响邻里之间的“表面和谐”，至于由此引起的问题恶化，并不在村民的考虑范围之内；对于垃圾问题所影响下的村落治理，调研地区的治理体系中鲜见村民的参与。身为村落的主体，村民在这一关乎每个人日常生活的问题中却是“缺位”状态。退居到个人家庭的村民并不关心村干部会用什么样的方法来治理生活垃圾，感慨基层工作难做的村干部也只能在有限的经费下进行垃圾的“原始处理”。这也如鲍曼（Bauman，2002）所说，“个体化的另一面似乎是公民身份的腐蚀和逐渐瓦解”。

从以上两大范式呈现的内容来看，恶化的垃圾问题不仅冲击着村民的农业种植、身心健康这两个层面，同样反噬村民邻里关系与村落治理的社会生活，形塑了村民的生活世界，突出体现便是再次增强了村民的个体化趋势。而通过两大范式的交叉也为我们揭示出问题的多面性。因为，最初村民个体化趋势的体现不仅是对于公共事务治理的旁观态度，更是包含对于周围环境恶化的双重漠然态度。由此加重的生活垃圾问题再次反向加速了村民的原子化进程，这对于其治理而言，便构成了一种“个体化趋势→垃圾问题恶化→个体化趋势再次增强”的恶性循环。

（二）生活世界的“殖民化”

正如哈贝马斯（1993）所言，生活世界是一个通过交往行动展开的领域，是公众与私人、公共领域与私人领域发生直接联系，不断转换统一的领域。原初的日常生活世界是人类生存的根基，之后的精神领域、社会生产领域都是在此基础上实现的，而当其被吞噬或殖民化的时候，人类社会便产生了深刻的异化。在调研地村民的生活世界里，选择退居到家庭这个“避难所”、不断被强化的个体化趋势无疑使得垃圾治理陷入僵局。

生活世界被殖民化的方式主要体现在两个方面，一个是由权力所主导的行政系统，一个是由货币所主导的经济系统（哈贝马斯，1999），而这两种方式在所调研的村民生活中都表露无遗。首先，权力渗入到生活世界的众多方面，对于垃圾问题的治理，村民往往会抱有一种依附行政部门去管理的逃避心理，或是期盼着自然的力量对生活垃圾进行消解，等待着一场大雨来临将垃圾冲走。其次，在被问及是否愿意参与垃圾治理时，村民们答道：“谁弄啊，弄也不给钱，不给物的，你要是给钱了，还弄一下①”，“现在不给钱谁也不干了，不给报酬不干活②”。因而，在村民的眼中，“赚钱”已经成为最重要的中心任务，与片面的经济发展观实则一致。当金钱与资本的势力伸向生活世界，并扎根于此，正义、团结、关爱等通

① 2017年6月24日，于J省D县ZY村。
② 2017年6月25日，于J省D县X村。

行于原初生活世界的基本价值会被成功、效益、利益等通行于经济系统中的价值所取代（夏宏，2011）。长远的环境利益已经无法博得村民的关注，努力赚钱然后离开农村才是村民的长远规划。

村落现有的制度与结构形塑出了只追求个人利益的所谓“低素质”村民，而生活世界的异化导致环境再次恶化，最终陷入到人与环境、人与人相互作用的恶性循环，陷入“人制造了垃圾，又被垃圾所左右”的困境当中。

（三）垃圾问题的社会性特质

由以上两种范式的交叉，也可以进一步推演出垃圾问题的特质，探寻与此相应的治理途径。生活垃圾问题的源头归属于个人私生活，与村民原初的生活世界紧密关联。从既有的惯习来看，村民“怎么方便怎么倒”“个人只管个人”的思维方式符合日常生活中的个人合理性，是“古典个人主义发育不充分”的体现。但随着这种个体合理性的不断叠加，最终却形成一种集体的不合理性，进入到环境社会学视野中的社会两难困境。一位村民为了自身方便不去选择恰当的垃圾处理方式，所产生的破坏作用是有限的，但是如果人人都产生这种心理并忽视环境问题，那么“共有地的悲剧”就可能发生，衍生为社会问题。这同样提醒我们，个人生活世界与地区社会生活是一种有效的连续体，将问题简单归结于个人显然有失偏颇，对于垃圾问题的探究也并不能终止于村落个体化趋势的显现。

因为，个人的生活方式本身是隐藏在社会机制内的，也就是说，自己能够选择的范围受该社会机制的性质所约束，是社会所提供的“现成的选择”（鸟越皓之，2009），而村落在垃圾问题上的个体化趋势也恰好符合鲍曼所讲的“被动接受的个体化”（鲍曼，2002）。每个村民都希望可以拥有干净整洁的居住环境，访谈中不少村民也提出愿意学习关于垃圾分类的知识和方法。但是如今面临生活垃圾的激增，感慨“没处倒，农村人就凑合着吧”的他们或多或少都显得力不从心。因此，与垃圾问题密切相关的个人生活方式的选择，要以社会制度本身的变革为前提，因为如果想追求其他的生活方式，就等于要对社会机制本身进行变革，对垃圾问题的治理就需要把制约生活方式选择范围的社会制度放到视野中来（鸟越皓之，2009）。

因此，我们需要将焦点从个人的身上转移，更多地关注如何改造将个人置于环境破坏的社会结构，而对这一问题的介入也必然会牵涉到个人生活及对他人利益的尊重。同样，它也不应该局限于技术和经济层面，更应该是一个关乎乡村良治、“社会何以可能”的课题。众多环境事件都已经向我们证实，缺乏自治能力及村落主体意识的村民将“生于斯长于斯”的地区社会让渡给他人，往往会产生严重的环境危机，而村民本应当是生活垃圾问题治理中最重要、最值得信赖的主体。因此，有必要通过探究垃圾问题与村民生活结构间的相互关系，厘清这一问题背景下的村落社会生活，为农村垃圾问题的最终改善和解决提供新的思考，为村落公共领域里集体力量的发挥探索出新的路径，以此来寻找重建生活世界的可能性。

六　小结——村民生活世界的骤变

生活垃圾问题与推崇繁华盛景的大众消费主义形成了鲜明的对比，在资本逻辑形塑下的现代社会里，这一问题曾长期得不到足够的重视。而农村地区在环境治理体系中的弱势地位，更加剧了问题的严重性与复杂性。本章以环境社会学范式作为理论指导，从生活世界的视角出发，呈现生活垃圾问题与村民生活结构间的相互影响，及在垃圾问题影响下的村落社会生活，试图更深刻地理解农村生活垃圾问题无法得到有效解决的结构性症结。而与城市规划当中冷峻的钢筋水泥、机器文明的野蛮扩张不同，村落是与自然完美融合的一帧帧画面，是广袤田地背后的绿水青山，是乡间小路的虫鸣鸟语，是村民、农田、河流与山川的和谐共存。在传统中国社会，农村成为社会运转的核心力量，才有“苏湖熟，天下足”的典故。而伴随着现代化进程的迅猛席卷，中国的城乡地位相互对调，农村已然沦为了城市的附庸，这种附庸地位同样体现在环境治理上。村落的生活环境已经发生巨变，不再是明媚阳光照耀下，与土地、河流维持着紧密而又和谐的联系，而是大量生活垃圾混杂堆积之后的阵阵恶臭，是由城市迁移重工业带来的严重污染，这些都无疑让农村自然环境蒙受巨大的牺牲。

早在20世纪60年代，美国海洋生物学家雷切尔·卡逊发表了《寂静的春天》，有关农药危害人类环境的预言直指人心，也引发了美国乃至全世界对于环境保护的关注及环境事业的兴起。然而在半个世纪之后的中国农村，“寂静的夏天”还在上演。调研期间正值蜻蜓、蝴蝶、青蛙、鱼虾等生物繁殖生长的夏季，然而在村落中，由于农药化肥的无节制使用，这些生物几乎都已大幅减少，成为村民脑海中的回忆，“我小时候”才会看到的景色。在大河两旁，充斥在耳边的不再是蛙声一片，映入眼中的不再是潺潺流水，取而代之的是大量垃圾倾倒之后被污染的浑浊河水，是四处蔓延的生活垃圾带给村民的众多困扰。村民的生活世界经历着前所未有的剧烈变迁，现在或是曾经生活在村落中的人们对劳作、耕种的那片土地抱有众多回忆，对日益凋敝的农村有着难以言说的忧愁，对曾经没有生活垃圾问题纠缠的传统村落表示怀念。如今，没有人会在散发着恶臭的垃圾堆旁多做停留，而村民对自身生存生活环境的无奈与不为，对环保知识的欠缺甚至误解，无疑使得问题愈益加重。垃圾问题的解决实际上是与我们自己的斗争，因此在这场斗争中，本应该处于问题中心的村落主体——村民需要重新参与融入垃圾问题治理之中。村民既是生活垃圾的制造者，又是这一问题的受害者，也理应成为村落垃圾问题的治理者，成为治理环境的受益者。重建村民的生活世界，是对于村民基本环境权利的争取与环境公平的维护，同样也需要一种生活方式及其相关社会制度的深刻变革。

第八章　农村生活垃圾问题存续的合理化困境

——社会结构与常人方法的互构机制

一　问题的提出

2018 年 2 月出台的《农村人居环境整治三年行动方案》呼应了“美丽中国”这一环境治理的战略方向。但乡村的环境危机由来已久，日益恶化的生活垃圾问题更是横亘在该战略目标实现的路途之上。垃圾问题本不应该延宕至今，至少在经济上、技术上可以对应散乱于农村地区的生活垃圾，但在一些地区却已出现积重难返的迹象。在城市和环境治理良好的国家，虽然无法从根本上找到问题解决的出路，但是在相对完善的处理体系下，通过定点定时的投弃，居民生活与垃圾能够相对地隔离开来。相对于此，中国农村的大部分地区，生活垃圾在村民生活环境中积累、存续，村民要在生活中与之共处。

对于该问题的治理存在着一种惯性的迷思，认为只要是政府重视，加大资金的投入，问题自然会迎刃而解。此类认知本身就是问题解决的障碍。尤其是近年，随着环境问题的突出，上级部门往往对下级单位下一道死命令，但结果却事倍功半。诚然，在中国的语境下，政府的确掌握着巨大的公共资源，其角色不可或缺，但这并不意味着政府的功能就是十全的，在社会问题的解决上可以唱独角戏。此前各级部门多番出台的农村环境整治政策，也未如预期那样发挥效力，就已印证了这一点。已有研究指出，针对某省首批国家垃圾分类治理政策试点实践情况看，农村生活垃圾分类治理制度化建设迅速、完整、规范化水平较高，但由于农村主体性缺失、农民公共性不足、财政依赖性强、技术适应性弱等困境，造成制度设计与实践效果相悖离，严重制约了农村生活垃圾分类和资源化利用工作（伊庆山，2019）。但还应该指出的是，作为产生于村民日常生活的垃圾，源源不断地汇集起来形成的社会问题，公权力对其产生的源头，即对个体生活的介入有着先天的局限性，也无法应对规则之下常人方法的灵活性。同时，在广袤的、有着庞大人口基数的农村地区，需要村民个体在内多方协作以汇成合力来共同应对。

毋庸讳言，垃圾是非洁净的，且有损于环境和人类健康，有碍于村民的日常生活。其作为一个显性的社会问题早已是不争的事实，那么，非但历史积累的垃圾存量没能得到解决，为何还会对其不断加大的增量坐视不理？在调研中甚至发现，各方将生活垃圾问题的存续，以及村民以近乎蛮力的处理，均以合理化的话语进行回应，容忍其与村民生活交织起来，构成了当今农村社会的景象。村民及村镇干部对于垃圾在街头巷尾的丢弃，或是在田间路边的燃烧及掩埋，即便在访谈中认为“不应该”，但在日常生活的实践中则完全走向了反面，且看不到任何歌德笔下的“浮士德困境”——现有的个体幸福感与未来的社会责任之间的纠葛。

对此，如以城乡二元结构来论（王雪峰等，2019；许艺新等2020），即便可以回答农村环境整治的滞后，但在生活垃圾处理的问题上，却难以解释村民是如何想方设法以破坏性的方式来处理生活垃圾，其结果反而是拉大了城乡的环境差距，巩固了带给他们在环境权益上不平等的社会结构。而如以个体的角度来论，即从个人角度出发来考察村民的环境行为，进而批判他们的环境态度或所谓的环境素质，实际上忽略了预先存在的约束条件和社会结构在构筑社会事实的作用。从另一个方面来看，这些所谓的素质论，即加强宣传教育来解决这一问题的主张，虽然看似是基于个体的角度，但大体上依然可以归纳为基于结构主义角度的延长线上。因为加强宣传教育，内化预先设定的社会规范就会成为解决问题的主要手段，实则是落入了结构功能主义（帕森斯/Parsons，2003；赵立玮，

2018）的窠臼，忽视了社会成员在实践中的权宜性策略。

调研发现，在现实的村落垃圾治理行动中，无论是村镇基层单位，还是村民，并没有按照明文规定来处理生活垃圾，而是以种种常人方法来加以对待，如实地反映了行动者的策略性、权宜性成就——在日常生活中遵循着缄默的规则将各种明文规定加以重构来构造新的社会现实。同时，那些看似蛮力的垃圾处理方式，实际上并非无序的、没有任何相关性的偶然行为，而是他们经过理性计算的合理化行为。实际上，农村内部垃圾治理体系差异化的多重结构压迫了村民的环境权益，而他们破坏性的处理方式却加固了现有结构的不平等，即社会结构与常人方法之间的互构机制。为分析这样的机制，本章在北部J省D县的调研及补充调查的基础上，通过对县镇村各级干部和村民的访谈及参与观察，获取相应的话语资料来呈现农村生活垃圾问题能够长期存续的合理化机制。同时，本章针对农村垃圾问题的解析，另一个意义还在于可以揭示出，环境问题恶化过程中个人的行为是如何加固了环境权益失衡的社会结构。因为，社会结构的每一个特征总是在某些历史时刻，由一个个人创造出来，而不是在其历史开端就庞大无比，即便它现在看上去有多么庞大。既然所有的社会体制都由人们所创造，那么，也同样可以改变它（Peter Berger，1963）。常人方法学的研究意义恰好可以揭示出那些沉淀到无意识领域中的破坏性的环境行为，以促动普通人的自我变革。

二　理论视角

伯格与鲁克曼在探讨现实的社会是如何被建构的这一课题时指出，只有定位于日常生活，将其中的常识世界纳入探讨范围，即厘清那些指导人们日常生活和行为的知识才是解答这个课题的钥匙（伯格、鲁克曼，2019）。那么农村垃圾问题这一社会现实是如何被建构起来的？如前所述，农村垃圾问题的恶化当然有着城乡二元结构的社会背景，但仅依据结构主义的理论还不能说明村民为何能够容忍垃圾问题长时间地存在于自己的生活世界这一议题。同时，社会结构与常人的日常行为并非分离或是对立的关系，对于濒临积重难返的农村垃圾问题，唯有将结构主义的角度与关注个人的常人方法学[①]结合起来，全面且清晰地呈现结构与个人之间错综复杂的互构机制，才能探寻促动现实解构的突破路径。因此，本章在理论视角上，除了从结构主义的角度来分析案例中差异化的垃圾处理体系，还将运用常人方法学来分析农村垃圾问题合理化的困境，即社会结构与常人方法的互构机制。

常人方法学与其说是一种研究方法，不如说是一种研究视角，可以拓宽针对农村垃圾这一社会问题的思考边界。因为，如果认为常人方法学只研究日常的相互行为或多元现实的认知分析显然是一个谬误，其独到的研究视角可以应用于更广泛的，如歧视、排斥等社会问题之中（串田秀也、好井裕明，2010）。Coulon（1987）就曾指出，常人方法学家从该领域的发端就开始对社会问题研究倾注了巨大的热情。如果说，规范并非先于行动，而是行动者不断进行的权宜性成就（Garfinkel，1967；2002），那么，在调研中所发现的各方破坏性的垃圾处理方式，则如实地反映了由行动者的策略性、权宜性成就所构成的，被普遍接受的合理化规范。因此要解决农村生活垃圾问题，首先要呈现出各方权宜性策略的基础与机制，及对背后那些不言自明的常识性知识加以解构，才能使各项政策发挥效力。基于加芬尔克所提倡的常人方法学（Ethnomethodology）

① 加芬克尔在《常人方法学研究》（1967）中指出，社会成员在日常活动里无意识中所形成的自认为合理的、不言自明的行为与规范更具有能动性，超越了事先制定好的规则，而常人方法学的目的就是将这些普通人之间心照不宣的认知与意义记录下来以阐明日常秩序及共同认知形成的轨迹。这些基于可预期的，但往往被忽视的非明文化的规范，蕴含在日常生活中的自发行为，构建了人们对现实世界的共同理解。加芬克尔主张社会学家应该单独研究某一特定的社会互动，而不是试图建立一个宏大的理论范式，因为任何一个社会场景都可以被看作一个自组织的，拥有独自的特征与表象，或者作为某种社会秩序存在的证据。该理论是在对以下前人研究的批判与继承的基础上得以成立。主要包括：迪尔凯姆《社会学方法的准则》（2011）中集体主义的研究方法；韦伯《经济与社会》（1997）中阐述的方法论上的个人主义；帕森斯《社会行动的结构》（2012）试图建构的宏大统一的社会理论体系。该理论由吉登斯通过《社会学方法的新规则：一种对解释社会学的建设性批判》（2003）整合进主流的社会学当中。

为视角，解读普通人在实践中构建现实的方法策略，是从根本上对日常生活进行质疑与批判的基本出发点。以此，恰好可以对应源于日常生活的垃圾问题分析，在各方不言自明的话语及行为里提炼出日常生活中所形成并沉淀下来的常识及相应的社会秩序，以此来推导出其背后的结构性症结及共同认知形成的轨迹。本文在调研的基础上，通过对县镇村各级干部和村民的访谈及参与观察，获取相应的话语资料来呈现农村环境的巨变与垃圾处理模式的差异化。为了尽可能地呈现调研对象话语中围绕垃圾问题的日常性，调研将他们的日常工作或日常生活作为背景，多以“闲聊”的方式进行。以此从各方的话语及行为中来解明垃圾问题存续的合理化建构，以期为农村生活垃圾治理找到对症下药的路径。

三 县域垃圾处理的差异

（一）城区的全覆盖

J省D县城在房地产兴盛和棚户区改造的推动下，楼房鳞次栉比，整个城区空间的切割感异常强烈。如今，到县城置办房产成为周边先富村民的地位象征，有的是农牧业大户，有的是合作社负责人，他们成了城乡之间的“穿梭民”（Shuttle Residents）——节假日到城里居住，平日再回到乡村里，成为他们的基本生活规律。县环境局的工作人员表示，“他们（穿梭民）的出现给县城的公共服务带来了巨大压力，其中之一便是生活垃圾每到周末暴增，致使环卫工在每周一疲于应对”①。为此，在离县城20公里处，铲平了一座大山用于填埋垃圾，建设经费达5000万元，于2013年建成。但在启动不足两年时，市级单位建造了一座大型垃圾焚烧厂，每天可以处理600吨垃圾，被埋入填埋场地下的垃圾被重新挖出来，运到焚烧厂进行焚烧。如今这座垃圾填埋场，在连绵的山脉中成了一块突兀的空白。但这不意味着这片空地可以缺少人工的干预，空地旁

① 2019年3月16日，于D县环境局。

有一间10人工作站，负责人指出，“这已经没有垃圾了，全部清理干净了。现在填埋这种方式是不咋科学，焚烧还是对子孙后代好一些。现在工作任务是，（由于形成一大块洼地），下雨天能产生雨水，人不在这儿不行，你得在这儿把雨水及时排放出去，如果你不排放，水这个东西，（地势低洼）四面都往这里涌，渗水不行，水多了人家底下是农田呀，这要坝开了，农田秃噜[①]了，老百姓这不得找你算账嘛[②]”。

可见生活垃圾的暴增凸显出政策上的摇摆与缺陷，致使行政单位对于城镇化所带来的弊端顾此失彼。第一，自然环境一旦遭到破坏，其修复极为困难，并成为自然灾害的高危之地。第二，生活垃圾是现代社会每个人都要面对的问题，而各级单位显然对此没有一个统筹安排，缺乏长远且周全的规划，致使财力、物力和人力的浪费。然而，这座日处理量达600吨的焚烧厂并没有解决现存的问题。该负责人接着指出，“现在县里头，每天也就是七八十吨，整个市级各县也就200多吨。炉子都正常运行不了，必须得往那儿送。我们倒不想送，因为焚烧一顿正常的，你得给人家厂子多少钱，人家白给你焚烧呀。焚烧是好的，但是它那个焚烧炉也都建在山区里，我去过，那个玩意产生毒素，经过山区以后，特别一下雨全降解了，还是比较好的[③]”。

该负责人所说的每天七八十吨仅仅是县城内居民的垃圾量，而占据庞大人口基数的农民生活垃圾则被排除在外。对此，县环境局干部认为，“现阶段财力和物力的力所能及要保证美丽城乡的建设，现阶段统一的垃圾处理不包括各乡镇，但对各级单位的监督检查，对村民的宣传教育等工作一直在进行，比以前改善了不少[④]”。但与城区紧邻的村子里则是另一幅景象。数百人的村子里只有三个固定的投放点，相对居住较远的村民依然按照以往的习惯，扔在家门口的附近，离河道近的村民则直接把垃圾扔进了河里。为此，县

① 抹平之意。
② 2017年6月24日，于D县垃圾填埋场。
③ 2017年6月24日，于D县垃圾填埋场。
④ 2019年3月16日，于D县环境局。

政府特意在河道两旁修建近两米高的栅栏以防止村民的投弃。因为，栅栏的修葺只需要一时的经费支出，而垃圾回收体系的全覆盖则是每日的固定支出，城区住宅楼全部设置了垃圾箱这一现象也同样显示出城乡之间的鲜明差别。

（二）基层单位的主次划分

在距离城区 100 多公里的 H 镇，面积 205 平方公里，人口约 5 万，以农业为主要产业，人均年收入约 1 万元。镇政府所在的街道上设有垃圾箱，虽然零零散散的垃圾仍然存在，但整体上可以看出该街道垃圾回收和搬运的体系大致已经建立。但在处理上问题依然严重。L 干部指出，“我们镇里也没有焚烧厂，基本上就是在垃圾场烧，能烧的就烧了，不能烧的就埋了，是最原始的办法，几乎什么防护措施都没有。按照环保说法，咱这根本就不行，也不达标①”。而所谓的垃圾场就是山区的空地而已。

对于全镇的垃圾问题，镇干部整体上认为存在着严重恶化的趋势，但同时又保持着乐观的态度。镇干部认为问题主要有以下两点，第一是经费问题。镇干部 L 认为，“这些年环保支持力度挺大的，各村都有垃圾分类站、有无害处理池，全有。但都没有使用，为啥呀，光建那些固定资产、设配有啥用，没有钱去管理、运营②”。另一位镇干部 W 则更细致地指出，“三年前开始的卫生城建设，不只是城区还包括全县各乡镇，H 镇因此环境得到了一定程度的改善，但是创建时县里给了几十万，用完之后，就不给了，维护也就不如刚开始好了”……“大上周，还开了一个环境综合整治的会，加大整治力度，现在主要是政府要购买服务的形式。镇政府购买服务的话，可以收拾（镇）街里。但村财力不足以购买服务。垃圾治理费用少，各级财政压力都很大，没有垃圾治理的经费，多数村都是自筹经费。因为镇里头吧，我们下面 21 个村，21 个村全来找，镇里面经费本来就挺紧张的。除非有一些特殊情况

① 2017 年 6 月 23 日，于 H 镇政府。
② 2017 年 6 月 23 日，于 H 镇政府。

了，例如省里市里突击要来检查，搞大型活动，沿途呀，整个街里都需要综合进行整治，属于特殊性的攻坚活动，环境卫生整治攻坚，镇里可能才能够提供一部分帮助，剩下的多数还得是自筹[①]”。可以看出，在财政预算当中缺乏对环境治理经费的可持续性支持，特别是垃圾专项治理经费并没有成为每年的固定支出，造成经费的短缺，导致卫生城的建设无法维持。同时，在有限的经费内只能主次分明，镇街道成为首选目标，而远离行政单位的街道则只有在上级部门检查时才会被关注到。

第二个问题是管理及村民意识的问题。H 镇干部 Z 指出，“如果不用法律手段、不用经济手段，对农民一点儿招儿都没有。县里宣传部发文了，各镇开始执行，有关村规民约的，主要靠自觉，但不知道会怎样。一方面，培训，我们没有财力请老师；另一方面，到基层的话，人也不好集中。发个宣传单、挂个条幅，全县各部门、环保局都在做，环境整治是个漫长的过程。村级的话，各村也设置了几个垃圾点，一个组有个垃圾点，水泥板挡着，没有盖，本意是让他们扔进去，但去扔垃圾的人比较少。去扔了也是随便扔，基本上垃圾不扔在自己家就好了，也不扔在离别人家太近的地方，就扔在路边。也有因为这个有矛盾的，邻里之间。镇里给点钱，村里自筹一部分钱。村里还得买黄沙、车和吊机，掩埋垃圾，一天得收拾两三回。只能是村委会是主体，村委会管，通过组长挨家挨户告诉，‘严禁倾倒垃圾，违者重罚’，有标识的地方，会好点[②]”。D 干部更直接地说道，“面上的工作现在老百姓都不干，一出门就扔垃圾。宣传也没有用，垃圾问题难变化，素质在那儿呢”。但同时他认为，“农村的未来可能就自然消亡了，人走了，城镇化可能垃圾也就自然减少了……参与‘新农村建设’的村的环境自然就好，国家投入得比较多。全镇有 2 个参与了新农村建设的村。现实就是，环境好的村越来越好，环境不好的村，环境越来越不好。小

---

① 2017 年 6 月 23 日，于 H 镇政府。
② 2017 年 6 月 23 日，于 H 镇政府。

的自然屯子的环境就更不行了，越来越脏。反正他也扔，大家都扔[①]”。可以看出，问题的延宕一方面是垃圾问题的急剧凸显，除了可持续应用的经费短缺外，村民的动员体制也成为一大难题。即便如此，对未来的期待，建立在城镇化和新农村的建设之上，即把城镇化作为一个既定的大方向，笼统地认为，城镇化后随着农业人口的减少，再加上有赖于上级政府经费支持的新农村建设的扩大，垃圾等环境问题也自然会消解掉。这些以城区及新农村作为参考系而形成的认知，在无意识中成为镇干部在政策方向取舍的根据。因此，垃圾问题虽然在恶化，对村民的不配合也有诸多不满，但在乐观的期待下问题的整治并没有成为当下的工作重点，也就是说，行政单位所在的中心街道外垃圾遍地的现象尚在可接受的范围之内。

（三）村民的就地处理

H 镇所辖各村委会同样面临着上述的问题。在 ZS 村里[②]，建有一座垃圾中转站，用砖和水泥修葺的一个蓝色小棚，5 年前建起后本打算由县里负责定点定期清运，然而直到现在，既无人往这里扔垃圾，县里也没有来车清走，便一直闲置至今。对此，L 村委会主任说，“这个问题呢，我们集中了两块，统一往一个地方放，然后村里集体用铲车拉走，再挖一个大坑，就埋上了。有一部分我们就烧掉了。这样也更省事儿。老百姓也会烧一些，塑料啊，方便袋啊什么的，锅底坑一烧能‘糊炕’。它烧完之后，是干净了，但是你在远处闻那个味儿啊，塑料味儿肯定是有啊[③]”。对于能不能用村规民约等规则来约束村民乱丢垃圾的行为，L 主任并不乐观，因为近些年修路修桥等公共事业能响应出工的村民寥寥无几。包括垃圾问题，L 主任接着指出，这些集体的、公益上的事情，村民不配

---

① 2017 年 6 月 23 日，于 H 镇政府。

② ZS 村位于 D 县的中心地带，地处山区，全村共 826 人，242 户，六个自然组。经济收入以种植玉米和水稻为主，各家各户大都零散地养殖了家畜家禽。由于青壮劳动力的减少，除了播种和收割之外，农田大都处于无人干预的情况，因此大剂量使用农药化肥现象较为普遍，这也导致了村外水库鱼虾等生物的大幅度减少。该村生活垃圾的散乱，处理的无序化，及村民燃烧塑料袋来生炉子的现象普遍。

③ 2017 年 6 月 24 日，于 H 镇 ZS 村委会。

合，“他们就认为这些都是上头应该给我做的，有点坐享其成的感觉。……多余的经费也没有，上面给我们开支，余出点钱，修点道，剩下的处理垃圾，也只能管到这条街道（村委会所在街道），其他的地方靠村民自觉吧，怎么说呢？能放到指定地点，完了之后我们统一好处理，这就算是最好了。这就算不错了。就这么回事儿”。

在 ZY 村也面临着相同的问题，但试图摸索出一条加强治理的途径。该村人口为 1800 多人，是 H 镇第一大村。拥有农业合作社、收割机出租、土地流转承包等业务，每年村委会有 10 万元左右的收入，经济情况好于同镇其他村落。虽然如此，在谈到生活垃圾问题时，有着 20 多年职业年龄的 Y 书记也是一筹莫展，“哎呀，我的妈，你说这个生活垃圾啊，咱们不是有集市吗，每到周末的赶集日，从卖货的那里，收 5 块。我们现在有垃圾点，县里环保给那个三轮车，我们把垃圾拉到坑里埋了，如果满了，就再挖个坑。再加上老百姓的生活垃圾，这个包袱最大，你看这个垃圾袋，遍地横飞啊……现在有个统一的大坑，目前已经填满了一个，现在是第二个”[①]。但大坑里的垃圾没有做过任何的无害化分拣，因为 Y 书记认为顾不过来，没有义务工，3 年前为加强管理开始每季度每户收取 60 元费用，每年共 2 万元，全部用于雇用保洁员的支出。但保洁员的工作依然无法对应全村的环境保洁，焦点还是放在了主要街道，Y 书记接着说道，“平时能管的地方就管，也不可能全管到……比如今天省里来检查了，因为保洁员就收拾街里面，我们就开着车整其他线路收拾”。

从上述的话语来看，除了经费短缺以外，更重要的是村民的素质、意识、非协作性等成为村镇干部的共同认知。那么村民又是抱有怎样的认知？两个村子的主要街道在村委会的干预下，垃圾问题并不明显，然而在深入到村民居住区时，现状可谓触目惊心。村民的生活已被垃圾包围，形成了一种畸形的共生关系——其居住环境本身就包含了垃圾的存在，各种包装袋、瓶子等不可降解的垃圾以

---

① 2017 年 6 月 24 日，于 H 镇 ZY 村委会。

及牲畜的排泄物随处可见，从包装袋的日期来看很多为近期所扔。ZS村的村民W（女，46岁）说，“我们也没有什么东西可仍，塑料袋我都烧了点炉子，其他的都指定往后边的坑，往那儿一倒就完事儿了。就是个（天然的）大坑，垃圾都往那里倒，完了到时候再整走”①。至于什么时候，由谁来负责清运，以及是否清运过，W村民表示并不清楚。对家周围散乱的垃圾，她说，“现在没素质的人总扔，谁扔的谁来打扫，村里也应该管管，你看城里和镇里都有专门的人管（保洁）这个”。同样，在ZY村的村民对于塑料袋类的垃圾大多也都采取在自家炉子里烧掉的办法，村民H（男，50岁）表示，“现在生活环境好了点，不让乱扔，像我们这街里的保洁员，原来收拾垃圾都往前面河套里倒，等雨多了就冲走，但还是太埋汰，走到河套那儿都有味，现在都扔在规定垃圾坑里”②。对于自家的垃圾，他和邻居都是扔在附近的坑里，因为村里规定的垃圾坑距离太远，生活垃圾每天都在产生，走过去非常不方便。但临近的垃圾坑由谁负责清运，填满之后该怎么办，以及家附近散乱的垃圾该如何处理，他认为，“钱（保洁费）都按时交，早该做了，但他们（保洁员）都不来这里，只打扫街里”。

另一位村民J（男，48）则具体地指出应该设置垃圾桶的比例，“就是一个组还不行，你得一个队，一个队有一个垃圾点。就这一圈有一个垃圾点，你要是太远的话，就不往过送了，你像这一个桶的垃圾，整个袋儿，他还能走那头去扔嘛”③。对把垃圾丢在河套里的现象，村民K（男，45岁）认为靠近河套下游的村民没有改变以前的习惯，“往西河去，都呛鼻子。就那边人就全往河套扔，什么都扔，那边夏天的时候味儿老大了”④。在去往下游的河堤上，远远就能闻到阵阵恶臭，桥头四周和河堤上堆积着大量的垃圾，这里已成为一个附近居民心照不宣的垃圾场。对此，居住在下游的村民F（女，65岁）说，“不扔在这儿，还能往哪儿扔，没事

① 2017年6月24日，于H镇ZS村。
② 2017年6月24日，于H镇ZS村。
③ 2017年6月24日，于H镇ZS村。
④ 2017年6月24日，于H镇ZS村。

儿，我们都不吃那里的水了。村委会不管村里的，只管街里。反正夏天要是发大水、下大雨了，就冲跑了"①。在她看来，往河套里扔垃圾与往大坑里扔垃圾没有什么区别，甚至好于扔在坑里。

针对设置垃圾桶的建议，B村村民K（男，49岁）表示："有的话肯定比没有强，但我看有的地方桶里面就是什么都有啊，比如说择个豆角啊，菜叶子啦，乱七八糟的。就都一起倒了，也没（别）处倒。人们现在装修了房子有个下水道，也就是把洗脸水、洗澡水、清水什么的从下面走一走，剩下的都是倒走。比如洗碗了，油腻腻的，怎么往里面倒啊？家里面不反味儿吗？还是往外面倒。哪里方便哪里倒，农村人们就是这样啊②"。由此可以看出，农民针对生活垃圾处理的考量是方便、快捷，极尽可能将自己的行为合理化。如上两章所示，在农药化肥的使用上，村民在实践中即便没有按照科学规范，但在话语中还是体现出了危机感。然而，垃圾问题则截然不同，无论扔在哪里仿佛一切都是顺其自然，则出现了集体性的不可撼动的共识。而这些共识得以形成的基础是，邻居间的相互影响、与城镇街道的对比、雨水等自然界的力量。

四　县域垃圾处理的差序格局

（一）权力结构中的差异

D县面积2512平方公里，总人口40万左右，但只有20平方公里的城区，共11万人可享有较健全的垃圾处理体系，而绝大多数的乡镇村民则被排除在外。如前文所述，与县城只有一线之隔的村民只能将垃圾丢弃在田间地头与河流的岸边。小河流向城区，县政府为阻止村民向河里丢弃垃圾，在两岸建起了两米高的栅栏。其中所显示的特质，第一仍然是城乡之间的差别，城乡二元体制的结构性影响显著。然而，从以上各方的话语描述来看，单用城乡二元

① 2017年6月24日，于H镇ZS村。

② 2017年8月8日，于H镇B村。

结构论还不足以完全解释在镇和村的内部为何依然存在着差异。从整个县域来看，随着行政级别的降低，垃圾问题虽然越发地突出，但在同一行政区划内，行政单位或村委会的附近，垃圾问题的严重性要比地理上相距较远的地方明显降低。也就是说，在城乡二元结构这一宏观的框架内，每一个行政单位都是一个中心，由近及远，问题的严重性逐次增大，凸显出以权力为中心的差序格局①的垃圾处理体系。卫生城的建设原本应该覆盖全县，而由于资金问题，最后只有城区的垃圾处理体系相对地完善了起来。每栋居民楼前设有垃圾箱，每天有专职的保洁人员进行收集、搬运，再统一送到市级单位的垃圾燃烧厂，以此实现了生活垃圾与人居环境相分离。

这当中彰显的是生活垃圾处理的特质。首先，垃圾是生活中不断产出的个人无法处理，且超越自然降解能力的产物，如果不加以干预，那么现代社会的日常景象必然是垃圾遍地的无序化状态。而处理方法就是将其从人类社会的公共空间中隐藏或销毁，以防止或修复垃圾遍地的日常图景。因此，垃圾处理的本质是将垃圾的日常性进行非日常化的举措。当县城行政单位将城区居民的生活垃圾通过回收、搬运、焚烧的手段进行隐藏或销毁时，一个修复后的日常图景被创造出来。而这个日常创造的成功与否，关系到行政体系管理效力的问题，是表现“秩序正常”“管理得当”的途径。但在权力体系的差序格局下，“秩序正常”也随着权力强弱、有无而变得层次分明。如此，在各方的合力下，一种心照不宣的“共谋”应运而生。县级单位时不时对基层进行突击检查的线路，镇干部可以熟稔地提前布置，而各方对彼此的垃圾处理方式更是早已在无形中达到“约定俗成”的默认。因此，被排除在城区垃圾处理体系之外的镇村基层单位与村民在日常秩序的创造上则呈现出一片各显神通的景象。从上述访谈及参与观察的结果来看，主要采取了以下几种处理方式。

---

① 差序格局：原是费孝通（2008）在《乡土中国》里分析中国乡土社会结构时提出的概念，是指在这种格局下每个人都以自己为中心在四周由近及远形成亲疏远近的社会网络。

①烧：首先是基层单位把主要街道的垃圾收集起来后小规模焚烧的方式；其次村民将一些塑料袋等零散的易燃垃圾用于烧火做饭。

②埋：基层单位将部分不易燃烧的垃圾挖坑掩埋。

③堆：村民将垃圾扔在自家院外，或堆积在附近的天然坑里及河流岸边。

④冲：居住在河流附近的村民将垃圾扔到河里，期待雨季的到来将其冲走。

以上四种方法，无一不是在日常生活中摸索出来的实践知识，但前两种与后两种属于不同范畴（Category）。除了村民把零散的垃圾用于烧火做饭外，①和②主要由基层单位负责，经费包括自筹及村民缴费，采取的依然是主次分明的差异化处理方式。对行政单位所在街道生活垃圾的回收、焚烧与掩埋，未经任何无害化处理，其危害镇村干部了然于心。但如果任由垃圾散乱、堆积，势必造成管理不得当，给人留下失序的印象。因此，焚烧与掩埋虽非最佳方式，却可以在单位周边创造一个修复后的公共空间以维持基本的日常秩序，还可以应对上级的突击检查。但村民即便缴费，由于收集点过远，村民居住地的垃圾问题并没有被清运。由此，产生了③与④的处理方式，即由于垃圾处理体系的不健全，导致村民不得不按照以前的习惯把垃圾丢在天然的大坑或河流里，期待自然的力量将其消解。相对于村镇主次分明的差异化处理，村民则看起来毫无章法，仿佛是恣意地对待差异化结构给他们带来的不平等。在这当中如何省时省力成为他们主要的考量，把垃圾抛在了任何可抛的地方，也由此导致现代化生活的副产品——垃圾遍地的景象便被原原本本地呈现了出来。

（二）常人方法中的缄默规则

垃圾问题的存量本已严重，各方为何会容忍其日见增多，致使自己陷于垃圾的重重包围之中？回答这个问题，就需要考察对于差序格局下垃圾处理方式的差异，在各方的话语里有哪些隐藏的文本。因为话语是在长期有形或无形的日常互动中沉淀下来的认知表述，其中隐含的代码（Telling the Code）（Wieder，1988）则彰显着某种秩序化，即蕴含缄默规则的日常世界。本节根据调研获取的结果，将话语分为以下两个范畴（Category）以提炼代码来解读其背后的文本。

镇村干部：

①需要国家出台政策

②基层单位执法权的确立

③上级单位应给予资金支持

④应对上级单位的卫生检查

⑤城镇化的期待

⑥村民的素质低下

村民：

①国家与政府（村委会）的责任

②资金投入的不足

③城里管理得当与农村管理失当

④他人随意丢弃的素质问题

⑤先富农民去城里生活

⑥就近处理省时省力

在村镇干部的认知范畴中，如何摆脱垃圾问题这个累赘，由上级托底，以彰显治理有序的状态成为他们的焦点。相对于此，在村民的认知范畴中，由于自家附近垃圾处理的无序化，以及城乡差异的鲜明对比，则形成了农村管理失当的认知。正如前文中所提到的Z干部，就游走于这两个范畴之间。在初次对镇干部的访谈中，他对农村环境的恶化有着明确的危机感，也曾谈及“如果不用法律手段、不用经济手段，对农民一点儿招儿都没有”，但在第二次的调研中，他在农药的使用上却以实际行动破坏着环境。前后两次截然不同的言谈举止，仿佛浑然一体，在日常生活的实践中看不到任何歌德笔下的“浮士德困境”——现有的个体幸福感与未来的社会责任之间的纠葛。Z部长的言行有着强烈的常人方法学意义的索引性意味——自然而然地运用着未经申明的假设与共有知识，即行政岗位所应有的立场与作为村民的常识，于不同的环境采取相应的知识或策略以应对当下。这是因为，行动与所处的环境是一个互构的体系，我们每个人都是方法的实践家（Ethnomethodologist）——当下的“我”，不是超越现实的，客观的、确定的“我”，也不存在稳定的规范或知识来让我们得以遵循，而是在每个场景下运用不同的规范或知识所形成的不同的“我”。而这个“我”的转变是在未经反思，无意识的移动，正所谓关注平凡的日常生活要像关注重大事件一样，就意味着要以常人方法学的角度质疑与批判这些不言自明的、理所当然的日常实践。

与各自范畴所结合的知识在不经意间已沉淀为不加细想的常识，将其一一加以提炼、审视，才能明晰并解读范畴化实践中的谬误，进而才能打破所属范畴中的常识所带来的支配。在村镇干部的认知范畴中也在实践着对村民素质的批判，而在村民的认知范畴中实践着对村镇干部管理失当的批判。双方虽然存在着差异化的处理方式，但每一方都认为是他人的问题，并将国家作为责任的最终主体，来消解自身的问题与压力。从上述代码来看，的确呈现出外在性的、具有约束力的社会事实，似乎都受制于城乡二元结构的不平等当中。那么，是否就可以断定迪尔凯姆（Durkheim，2011）以来的社会事实的客观实体论，即社会事实的外在性与制约性依然对该问题具有强大的解释力？现实情况实则更为复杂。第一，如前文所述，除了二元结构，权力分配的失衡极为鲜明地映射在垃圾问题处理方式差异化之上，即便在同一个村落内部，依然遵循着该逻辑。第二，权力分配的不平衡并不意味着下级听从上级，村民听从村委会所制定的规则，而是把问题的根源推给上级单位，完全忽视了自己在日常实践中的权宜性策略所造成的环境危害。在这个日常世界的秩序中所蕴含的悖论显而易见。村民一方面是差异化的受损者，不得不运用权宜性策略来突破社会结构给他们的环境权益上带来不平等，但另一方面又以国家政策及上级单位的投入作为问题解决的途径，对自身的日常环境行为却无任何反思与修正，是主动将自身依附于行政体系，将自身权利上移的体现。如此，村民在无意识中加固了城乡二元结构权力分配失衡的结构，即问题互构的机制，即便他们在此当中有着各种各样的权宜性策略。

（三）垃圾问题存续的合理化

城区的垃圾燃烧厂设置在郊外的乡村，远离居民区，彻底地与城市居民相分离。相对于此，镇村内的垃圾处理——烧、埋、扔、冲，全部近乎以蛮力的方式发生于村民居住的环境之内。然而，看似蛮力的处理方式，实则凸显出各方在日常实践中的权宜性——每个人都感受到了环境的巨变和垃圾问题的恶化，也知道垃圾处理应有一定的程序和规则，但实际的环境行动并非按照事先预定的规范进行，而是各方根据所处的境况，根据场景的条件，依靠各自认为最为合理的方式来完成处理。如同加芬克尔（Garfinkel，1967）所指出的那样，这是常人通过自身永无止境的努力所达到的一种"成就"。

显然，单凭对农村环境整治的三令五申，无法取得实际的效力。上述的话语代码一方面揭示了以权力为中心的差序格局的垃圾处理体系，另一方面也是显示出现有垃圾处理模式是通过理性的计算所达到的合理化状态。如每一方都对上级的资金投入给予了莫大的期待。县政府因为资金短缺将与城区一线之隔的村落排除在垃圾处理体系之外；镇政府在由上级政府支持的卫生城建设专项资金结束后，没能维持下去；村委会则完全靠着自筹资金来支撑着主要街道的保洁，却排除了村民居所的小巷。资金的有无、多少完全按照以权力为中心的差序格局的逻辑所进行的分配，其本质是权力不对称的治理结构，是平权的失衡。最终，对资金的分配无权参与的村民来讲，其居住地则成为问题恶化最为严重的地方。那么，近乎蛮力式的处理方式也似乎变得理所当然，合情合理了。村民也不会认为有必要修正自己的环境行为，那是"他人的问题"、自己则要在日常生活中"省时省力"、有朝一日"离开农村"，显示出这一切是通过理性的计算所达到的合理化行为。在广袤的农村，生活垃圾以及农药化肥包装袋等有毒物品的回收注定不可能像在城区那样每栋楼前都会设置几个垃圾箱。即便是等到资金充足的那一天，环境整治是否能成为基层单位的优先选项仍会遭遇到挑战，因为现有的处理模式已成为被广泛接受为合理化的举措。

农村垃圾问题治理的最大困境就在于此。各级行政单位的差异化处理，及村民看似恣意的丢弃行为无不凸显了其中的权宜性、策略性。那么是什么引导、形塑了这些所谓的合理化现象？柯林（Collins，1982）针对社会中的合理化现象曾指出，合理性在社会中是非常少有的现象，只在一定条件下才会发生，甚至社会其本身能够得以维系的基础，并不是理性的思考或合理的契约，而是非合理性，即表面上看起来合理化的现象正是由非合理性的因素所支撑起来。依据调研所记录的话语，垃圾问题作为村民日常生活的一部分，由村民、村干部、上级行政单位等多方不约而同地通过理性的计算所达到的现行处理方式，成为一个被普遍接受的合理化状态。但细究下来，表面上被各方所接受，并普遍认为自己的处理方式最为合理的基础，是由对抗、无奈、放弃，甚至是蛮力等多种非理性因素所共同铸就的现实。

诚然，没有人认为应该忽视垃圾问题的存在，但当现行处理模式被认为最有效、最方便、最快捷时，一种不言自明的常识，一种理所当然的惯习已然内化、身体化。在所有的调研对象中，除了邻里之间因垃圾堆放位置会产生龃龉之外，垃圾问题从来不是一个公共议题——因为一个合理化的处理方式当然没必要再劳神费力。而这一点恰恰是生活垃圾问题持续恶化的内在逻辑，即所有人都认为自己的处理方式最为合理，其他人应该给予配合的话，那么任何一方的改变势必会造成另一方改变自己所认为的最合理的现状。于是就出现了这样一幅图景：镇村干部认为自己已经做到最大努力，上级单位应该加大资金投入，村民应该提高素质，积极响应配合；而上级单位则认为资金已做到有效分配，已无多余资金；同时村民也认为在公共服务严重欠缺中，自己的处理方式无可厚非。当每一方的合理性叠加到一起的时候，造成了今日的结构性障碍——社会整体的不合理。因为其基础是非理性因素的积淀，是人类社会的副产品向自然界的暴力转移，而又反噬到人类社会的恶果。

五 小结——缄默规则的重构

农村垃圾问题在差序格局的处理结构下，从行政单位的主次分明到村民个体的“烧、埋、堆、冲”都形成了一套可以自圆其说的处理模式。即便对自然环境，对村民没有任何益处，但相互心照不宣、不言自明的常人方法已然固化。这些并非无序的、没有任何相关性的偶然行为，而是权力的差序格局和环境权益结构压力下的结果。由此引起的垃圾治理的差异化当然不是预先设计的蓝图，而是在实践过程中各方因差序格局所做出的非规范性、权宜性的策略，以致形成了各自缄默的处理规则。在这样的结构下，责任的终点是国家，认为只有国家的重视，公共资金的投入才能使现状有所起色。当中，仿佛各方都在排着一条长长的队伍，每个人都认为自己会轮到最前面，有朝一日被选为新农村，自己成为政策优先照顾的对象，所以问题存在，但不必为此改变策略，在一定程度上维持了现有的日常秩序。诚然，政策的投入不可或缺，但不能无视近些年来环境政策与资金投入都在不断加大的事实。而悖论却是国家越是重视、越是加大投入，垃圾问题却依然在恶化。皆因这些举措无形中加固了差序格局的结构，每一方都在期待上级单位能够给予比以往更大的扶持，而忽视了垃圾原本是源于自己生活中的问题——常人方法灵活地规避了外在性的、本具有强制力的规范。以此所形成的那些不正自明的、邻里间心领神会的常识最终成为他们处理垃圾的指导原则。而当期待着有一天被选中，却迟迟未能得以兑现时，不满也就会应运而生。因此虽然表面上呈现的是对现有垃圾处理模式的合理化话语，但源于个体生活的垃圾问题转化为对权力的期待，而后又转化为对实现的不满时，个体的社会责任也就随之淡化。

垃圾问题是个世界性的难题，在解决途径的摸索上，还没有任何一个国家或地区单靠行政力量就能得以解决，包括德国和日本等环境保护的先进国家无一例外都将市民与行政单位的合作视为基础。因此，对于农村垃圾问题的治理，实现各方相互嵌入式原则的确立，才有可能重构现有的缄默规则，进而使濒临积重难返的问题看到曙光。其一是“普遍的可视化”。虽然农村垃圾问题是一个显而易见的问题，相互间心照不宣的状态需要被打破，如在上级检查时对垃圾问题的一时性“遮挡”，这不只是造成村民认为的得不到国家足够重视，也致使垃圾问题在差序格局的结构下被边缘化的村民需要独自承受的问题。其二是权利与义务的明确化。源于个体汇集而成的社会问题，在“私”和“公”的连接上，首要的是作为“私”的个体能否对公共资源的分配进行参与。对村民蛮力式的垃圾处理模式，“素质低下”的批判看似有理，但实际上却是平权的失衡导致资源分配的参与渠道闭塞而引起的反作用力。其三是对“社会”的发现。既然成为社会问题，那么社会的力量就不应该缺席。但在差序格局下，对权力的依附致使社会成为空白，即个体直面于权力——或依附或排斥，而本应处于中间地带的社会力量依然虚化，因此村民的边缘化、村集体的碎片化则不可避免。存量大、增量大的农村垃圾问题，无疑将会长期存在，再加上大众消费社会的兴起，农村垃圾问题单靠一方的力量无论如何也无法对应，那么社会力量的培育则成为问题解决的必经之路。

一直以来，村民以自己的环境行为加固了环境权益失衡的社会结构，本章的目的就在于，将其中不言自明的缄默规则呈现出来，使当事人认识到问题的所在，进而才能重构现实。因为，每个人都可以在形成社会和影响社会历史进程中起到积极作用（David Newman，2017）。而最大的障碍就在于这些作为缄默规则的常识，在其支配下的人们有着强大的自我调整能力，盖因现有的社会结构决定了他们的常识的选择，而他们的选择最终又加固了这一社会结构。但置身于当下的社会环境，我们也可以用改变社会环境对我们的冲击，乃至以改变社会环境本质的方式做出回应（House，1981）。那么，对于村民来说，该如何做出回应？在环境问题上，其回应方式关涉到他们环境素养的高低，而环境素养的习得则又关系到乡村终身教育资源的多寡。从本书实证研究的访谈可以看出村民对周遭环境恶化的危机感，这也是他们的问题关心。以此为切入点，下一章将探讨如何通过各方力量（政府、乡镇学校、社会组织、专家等）的介入来推动学习型村落的建构，维护村民的学习权利，以此才能从根本上变革既有的缄默规则。

第九章　学习型村落的建构路径

——基于农民环境学习现状的考察

一　问题的提出

农药化肥的使用问题一直困扰着中国农业生产，在新农村建设开启之际，2006 年 2 月新华社曾在《新华时评：没有新型农民建不成新农村》中提出，农民是新农村建设的主体，急需培养造就千千万万高素质的新型农民，这是新农村建设最本质、最核心的内容，也是最为迫切的要求。[①] 然而，迄今单从化肥农药的施用数据来说，环境友好型的新农民还未成批出现。2018 年全球化肥施用总量为 1.9 亿吨，施用强度 120.7 千克/平方公顷；全球农药施用总量 2018 年达到 412.2 万吨，施用强度 2.6 千克/平方公顷，而中国的农业化肥施用量 2019 年为 5403.6 万吨，施用强度为 325.65 千克/平方公顷；2019 年农药施用量为 139.2 万吨，施用强度 8.4 千克/平方公顷（刘鑫等，2021）。虽然随着 2015 年农业农村部《到 2020 年化肥使用量零增长行动方案》与《到 2020 年农药使用量零增长行动方案》等文件的发布，中国农业化肥与农药的施用总量有所下降，但施用量依然分别占了全球的 30% 左右，再考虑到中国耕地面积只占了全球的 7%，可以想见实际情况更为严峻。

---

① 新华网：《新华时评：没有新型农民建不成新农村》，新浪新闻网，2006 年 2 月 23 日，http：//news. sina. com. cn/c/2006 - 02 - 23/10508282749s. shtml，2021 年 7 月 5 日。

如果说，农村生活垃圾等面源污染的治理取决于城乡一体化的资源循环型社会的构建，而农药化肥问题则更凸显了农村环境的整治不只是农民自己的问题，还关系到全体国人饮食生活的优劣。

如第五章所示，城乡区隔性政策已造成城市与农村环境整治的断裂，而生态环境本身是一体的，政策断裂导致的乡村环境恶化必然会影响到整个国家乃至全球的生态系统。恶劣的生态环境压缩了农民生存与劳作的空间，威胁着村民身心健康，农民不仅需要适应不断变化的生态环境，更需要着手治理生存空间中的各种问题，营造良好的生产生活环境。为提高农民的环境素养，促动他们的环境行为，以期培养新型农民的群体性出现，本研究将问题解决的落脚点放在了环境学习（教育）的层面上，试图以此促动村民的主体性参与。原因在于如下方面。第一，如第六章所示，村委会的权威急速弱化，特别是在农业税取消后，对于该如何促动村民参与村落公共事务，村干部往往处于被动的位置，已无权威动员村民的参与，而强制性手段不合时宜，也不应成为村落的治理方式。第二，生活垃圾与工厂污染不同，加害与被害之间并非泾渭分明，其特质模糊了加害者与被害者的界限。那么，作为既是加害者又是被害者的村民，也理应成为生活垃圾的治理者。从生活环境主义的角度来说，村民就是村落生活的实践者，应从他们的社会实践出发，充分发挥村民的智慧来解决环境问题（宁鸿等，2020）。第三，农村环境治理，乃至村落的振兴均需要农民的内驱动力。2006 年 3 月新华社在《新华时评：单纯“等靠要”建不成新农村》中批判了农民的消极等待、一味观望的被动姿态[1]。时至今日，这样的姿态至少从诸多实证研究来看，很难说已有大幅改观。同样，2021 年 9 月，由农业农村部等 6 部门联合印发的《“十四五”全国农业绿色发展规划》中，也指出了中国农业绿色发展仍处于起步阶段，需要加大工作力度，推进农业发展全面

---

① 新华网：《新华时评：单纯“等靠要”建不成新农村》，中国政府网，2006 年 3 月 1 日，http：//www. gov. cn/zwhd/2006 – 03/01/content_215469. htm，2021 年 7 月 5 日。

绿色转型[①]。工作力度除了经济上的投入，技术上的支援之外，更应该思考的是，长期以来农民的“等靠要”为何未见好转，此症结的久治不愈必然会对农业发展全面的转型造成阻碍。因此，创建一条培育农民内驱力的路径才是施政的重点，而并非只是所谓的上意下达的指令。即，以村民为中心的学习型村落的建构更应该成为“加大工作力度”的重点，以期从根本上为乡村振兴提供坚实的基础。第四，从本书第一部分所梳理的国外垃圾的治理历程来看，无论是德国、日本，还是后进的美国，都将环境学习（教育）作为垃圾问题乃至环境治理的主要手段之一。这是因为环境治理涉及我们生活的方方面面，每一个环节均需要各方主体——政府、企业、社会组织、社区（村落）、市民或村民的主体性参与。因为没有参与行动就不可能带来任何改善的可能性，仅靠知道什么是对的，并不足以改变现状。这就需要提升包括农民在内全体社会成员的环境素养（Environmental Literacy）——从知识到行为的连锁性的基本素养。

其理念与重要性于1987年的世界环境会议中被正式提出来，是指人们通过后天习得的关于环境的知识、态度、意识、行为、技能的总和，是地球上的人类均需掌握的基本素养。环境素养的高低取决于环境教育的成败，是通过学习使一个社会成员能够理解自然世界与社会世界的关联性，并具有四个基本要素：个人的责任、自然环境的知识、调查分析的能力、环境问题的解决技能（妹尾理子，2006）。显然，这些要素已远远超出了个人单打独斗的能力范畴，作为个体的村民如何获得知识和信息及技能就需要在政策上建构一个新的路径以便参与、习得。同时，学习或接受教育是人的一项基本权利，在面对新的情况、新的问题时，需要足够的信息和知识，才能发挥自身的主体性来应对。因此，对于村民的环境认知，我们同样不能轻易地批判他们的环境素养匮乏或参与度低下，而是

① 农业农村部新闻办公室：《农业农村部等6部门联合印发〈“十四五”全国农业绿色发展规划〉》，中国农村农业部网站，2021年9月8日，http：//www.moa.gov.cn/xw/zwdt/202109/t20210908_6376011.htm，2021年10月9日。

首先要了解他们获取环境知识和信息的渠道和现状，在此基础上才能探讨应然层面——学习型村落的建构路径。因为，只有学习型组织才能带来个人与组织的双赢（圣吉/Senge，1997）。正如联合国教科文组织的《学会生存——教育世界的今天和明天》（1996）中所指出的那样，当教育一旦成为一个连续不断的过程时，他们对于成功与失败的看法也就不同了。因为如果一个人在他一生的教育过程中在一定年龄和一定阶段上失败了，他还会有别的机会，他再也不会终身被驱逐到失败的深渊中去了。

迄今，关于环境教育的研究，如任耐安（1995）、李子建（1998）、黄宇（2003）、田青等（2007）皆指出只有环境教育才能培养全体公民所应具有的环境友好的态度、行为与价值观。段景春（2008）、郑寒（2011）则有针对性地指出农民的环境教育普及的重要性与迫切性。而对于与农民有着千丝万缕联系的乡土教育，钱理群与刘铁芳（2008）、刘铁芳（2011）、宋林飞（2009）、贺心滋（1999）、谢治菊（2012）等研究认为现代教育中乡土性的缺失是导致农村社会急剧衰落的关键因素，乡土社会的重建必然需要乡土教育的助力。如果将以上研究的主张与现实进行对照，可以管窥农民环境学习的欠缺，以及乡土社会衰落的因由。但仅仅依据应然论，我们无法得知农民环境学习的实然——现状到底如何、有哪些阻碍因素，以及缺乏以村民为中心的学习型村落的探讨，也就意味着无法为农民终身学习（教育）体系的建构提供可行性的理论储备。同时，普通村民现有的乡土知识主要来源于祖辈的传授与实践经验积累，也不足以应对超出知识储备的环境问题，因此需要更新知识体系来应对环境危机。

尤其需要明确指出的是，教育的现代化，即以学校为主的现代教育体系已自动将普通村民排除在外，乡土教育或乡土教材往往只是学校教育的一个点缀。虽然随着数字技术的发展，教育开始迈向终身教育时代，数字技术赋予了人们获取各种学习资源、突破时空限制进行互动的能力，学习开始出现在学校以外的任何地方（柯林斯/Collins、哈尔福森/Halverson，2013）。据此可以指出，在信息化时代，包括农民在内任何人都可以随时随地获取自己所需的学习资料。但如果基础性的环境素养薄弱的话，对环境问题关心与意识的生发，其本身也是后天习得的能力，更遑论持续地、系统地进入学习过程了。因此，如何保障村民能不被数字化教育潮流所抛弃依然是一个值得探讨的课题。同时，上述研究也没有充分展示村民在生活垃圾等环境问题急速恶化下，获取新知识、新信息的现状与困境。因为村民环境学习活动的开展，需要借助一定活动空间与物质载体，虽然当前研究对此类问题有所涉及，但是研究中对此类问题的探讨都较为笼统，忽略了学习型村落的建构路径、参与角色，特别是忽视了村民本身对学习的需求。因此，本研究通过在J省与H省农村地区的实地调研，依据访谈与参与观察等微观视角来呈现村民、村干部等主体对村落环境问题的所知所感与现有的环境学习渠道。在此基础上围绕村民环境素养的提升，解析村民终身教育的阻碍因素，以及学习型村落建构的可行路径。

二　农民环境学习的现状

（一）基层干部对环境学习的认知——村民个体素质的偏常言说

在调研村落诸多环境问题时现代性特质展露无遗。曾经是农村社会宝贵资源的秸秆与畜禽粪便已失去出路，而随着煤炭、电子取暖设施的大范围普及，以及农村劳动力的减少又导致收割秸秆过于繁重，一烧了之成为了解决秸秆出路的首选。对此，H镇的镇干部F证实说："电的（用具）普遍用得多了，煤气、电饭锅也用得多了，都是煤气灶。现在烧柴火就是烧炕。过去不行，过去一天三顿饭都得烧。用柴火量确实少了，取暖不太用了，（秸秆等）消耗不了，现在地多，人少，用不上这么多秸秆。"[①] 于是，每年秋季秸秆焚烧造成大面积的烟霾，一是由于秸秆的处理实则为现代化中结构性困境的表征，难以为其找到出路；二是由于行政部门以三令五

① 2017年6月24日，于J省H镇政府。

申的强制性手段取代了村民的教育或学习的方式，导致收效甚微。如果说，秸秆的处理问题造成了城里人与农村人的矛盾，那么，失去出路的动物粪便则造成了农家邻里间的纠葛，成为让人嫌弃却又无法处理的难题。在J省Y村[①]，村民X（男，59岁）描述道："上面的养殖业更埋汰，净往大壕沟整，一下雨那粪便全都从大壕沟冲下来。"[②] Y村村民G，作为养殖专业户提到："鸡场以后面临的最大难题是鸡粪问题，因为夏天没人来拉，所以就扔到地里了。"[③] 动物粪便长年累月地堆积与恶臭等问题在各村普遍存在，由此而引发的村民对立屡见不鲜。ZY村I村民（男，67岁）说，"小时候，从他家（邻居）分点上肥，现在早没人用了。就堆在那儿，跟他家说了几次，村委会也说了，但没用，吵了几次，人家还是不管"[④]。近年来随着农村畜禽养殖规范的出台，农村住宅区内的大规模养殖现象已大幅减少，但是所调研的村落里，牛羊猪几头、家禽类十几只的散养情况依旧普遍，这类沿袭了传统的养殖方式，在动物粪便失去出路的当今，对一个共同体社会的维系造成了难题。

对此，如前两章所示，在农村地区由于资金、技术、设备等外在条件的匮乏，基层的行政干部将问题解决的重点不得不放在了个人的层面——建构起了农民素质偏常（越轨，Deviance）的言说。偏常是指社会不赞成的行为，有违于共同体内或社会大多数成员所认同的一些规范（Newman，2017）。那么，让农民习得这些规范也就成为基层单位的工作之一。在访谈中，各级干部频频指出要加强"宣传教育"来提高农民的素质问题。他们认为广泛推行的村

---

① Y村位于J省中部，为省会城市辖区之一。整个村落被一条南北走向的公路分为东西两部分，各村落村民，以从事农业种植和养殖业为主，以夏季、秋季农闲时间外出打工为辅，冬季主要进行休息、娱乐。每户土地数量差距较小，养殖业主要饲养蛋鸡和母猪，多为个人经营，不参与合作与雇工，自负盈亏。全村共900余人，共四个小组。一组靠近国道，二组处于地势较为平缓山坡地带，三组在山腰，四组靠近山上。从下至上房屋渐次稀疏，且每组都被村中一条作为天然垃圾场的大壕沟分为两个部分。

② 2017年7月26日，于J省B乡Y村。

③ 2017年7月27日，于J省B乡Y村。

④ 2017年6月25日，于H镇ZY村。

规民约是其中的主要手段，可以对村民的行为进行约束。J 省 ZY 村村规民约写道："搞好公共卫生和村容整治，不随地倒垃圾、秽物；修房盖屋余下的垃圾碎片及时清理，柴草、粪土按指定地点堆放。"但在村规民约的制定过程中，普通村民无从参与，只是被动地被通知，被发放到家里而已。如果这就是所谓的教育的话，实质上仍旧是乡镇干部对政策指令的强制性传达，没有给村民提供学习、了解政策的机会。村规民约的性质本是村落共同体的公共规则，需要所有主体的共同参与制定才能使其发挥效力，而村民参与到制定的过程也才能认识到环境保护的个体责任。对于环境恶化中村民的责任，H 镇的干部 F 说道："这个基层，不是我们不想把环境卫生抓好。我们也想教育老百姓，但是人家不听你的，教育老百姓也得有形式、有内容，但这些全没有、没有经费。"① 可见，对于教育的理解依然没有摆脱自上而下的宣传说教，效率大于过程，即快速制定出来，让村民遵守这一看似高效的工具理性远远超过了学习过程的价值理性。

至于该如何开展学习，村干部对无法组织环境学习的责任归咎于民众凝聚力素质的欠缺。B 村干部 O 表示："因为这个你别说农村垃圾，在咱们村，咱们县，就在这全中国的农村也是个大问题，相当难解决的问题。刚才我也说了，一个是资金缺乏，一个是人难动员。这两大问题相当难呢，得一步一步地慢慢来才能行……农村这块儿，现在不管是做什么工作都难，只要是向老百姓摊派的。让老百姓参与的都难。给他打钱的时候，简单。"② 在调研走访的村落中，多数村委会都为村民提供图书、远程教育供村民学习。但内容主要涉及养殖业、种植业及党建类，几乎无法找到与环境知识相关的书籍。干部 O 描述了曾经举办的活动："集体活动几乎没有。村民自己组织了有两个，一个是秧歌队，一个是舞蹈队。天天晚上有老太太出来扭一扭。逢年过节有比赛，他们年轻的就出来跳个舞，参加一下。咱们村子里面不是一直唱戏吗，唱戏的话，戏剧团

---

① 2017 年 6 月 23 日，于 J 省 H 镇政府。

② 2017 年 6 月 24 日，于 H 镇 ZY 村委会。

那几个人一直都保留着。每年正月，大伙儿都出来，热闹热闹。闹元宵，这个是村委会组织的；学习活动吧，前年县里面统一给建了农家书屋。冬天的话太冷，生炉子干吗的，没有资金。春、秋、夏三季，这伙老党员，在那头坐的那伙老汉儿，有愿意进来的就进来看看。但是，老年人识字的不多。一般就是打扑克与下象棋。虽然村支部为大家提供各类书籍，包括文化类的，历史类的，科研、经济、教育类的。也有关于种养殖的书和光盘。每年呢，每一个月放映四次电影。"① ZY 村村干部 E 介绍："省里提出现在都叫多功能室，一是可以开会，另外还有一些图书，还有电视，省组织的远程教育，远程教育可以收看，比如农科类的、党建类的，都可以看。"② 当问及村内其他活动时，村干部表示："扭秧歌、广场舞，远一点的村子里，乐器、服装什么的都有本土的都会组织一些。"③村干部认为这些活动、学习资源某种程度上足够充分，丰富了农村村民的日常生活，至于村民环境素养该如何提高，如何支援他们的环境学习，则被他们认为是村民自己的事情。

如果对照当代社会成员所应有的环境素养，村民环境行为的确体现出偏常或越轨的现实，急需变革。然而，村民环境行为的越轨是不是只是村民个体层面的问题？基层干部针对农村生态恶化所进行的村民个体化的过程，其实质是剥夺了偏常行为原本具有的功能，使其无法传递出社会运作失调的信息，将其简单地归咎于个体的缺陷，偏常行为也就自动失去了推动社会变革的力量（Newman，2017）。因为，面对环境治理的困境，虽然他们一再强调村民欠缺凝聚力与主体性，但却完全忽视了其解决途径的环境学习或环境教育这一根本性的有效方案。与农村环境知识学习氛围缺失形成鲜明对比的，是个别乡镇有着丰厚的文化底蕴与文化发展战略。J 省 D 县是中国年画三大产地之一，有着"诗思之乡""书法之乡"的美誉。为实现年画文化"走向世界"，除县财政投入一定资金支持

---

① 2017 年 6 月 24 日，于 H 镇 ZY 村委会。

② 2017 年 6 月 24 日，于 H 镇 ZY 村委会。

③ 2017 年 6 月 24 日，于 H 镇 ZY 村委会。

外，县领导与县城主要学校的校领导将年画文化推进课堂，使学习绘画年画“从娃娃抓起”。该县每年约有5万名中小学生投入年画学习中，将乡土文化与学校教育有机地结合起来。然而，接受教育的未成年人皆以“走出农村，走向世界”为目标，陆续离开农村地区，作为农村地区日常生活与从事生产的主体，却被排除在教育体制之外，几乎没有机会接触到乡土文化的学习机会。他们生活在乡土中，却无法体悟乡土文化的宝贵。

在环境问题日益严峻的情况下，乡镇干部对环境问题的解决虽然认可环境教育的意义，但没有形成一套具有针对性和可操作性的日常政务。因此，教育资源倾斜于县里的重点文化建设以及未成年人的文化体验，而对于普通村民的环境知识的教育与普及则被想当然地排除在外，多年来一直处于空白状态。

（二）政策初衷与村民环境素养的断裂——农村环境学习资源匮乏的后果

如前所述，村民作为农村生产生活的主体，既是农村环境问题的制造者，也是环境问题的受害者，同样应该成为问题解决的主体。但是兼具多重角色的村民，表面上是环境素养的匮乏，而深层则是环境知识获取渠道的闭塞，往往导致他们对周遭环境的恶化处于束手无策的状态，仅仅成为一个旁观者。对于村庄环境的恶化，无论今后是否继续留在农村，绝大多数村民都有着清醒的认识，尤其是年纪较大的村民与自己孩童时代的生态环境相比较，哀叹着农村环境的危机。这本应成为他们环境学习的动力，但相较于第一部分所梳理的国外垃圾对策，中国农村终身教育资源处于极度匮乏的状态，除了上述村镇干部对教育的理解偏差外，村民对环境教育既有需求又感到无所适从。这一点从他们日常环境行为中所体现出来的环境素养即可管窥。

依据《2010—2012年全国城乡环境整治运动》（全国爱国卫生运动委员会，2010），农村综合环境卫生整治被纳入农村工作日常，垃圾箱、垃圾回收点的设立成为整治成果之一，但如上一章所示，其成果主要体现在村委会周围和村落的主要街道，且处理方式不规范。对于该政策，无论是村委会还是普通村民均表示出“不太了解”及“不知道”。其中，J省H镇ZY村村委会主任说：“上面有时候来检查，突击搞一下（环境卫生），这个政策，这么多年了，不太了解。”① 同村的LA村民（男，62岁）说道：“我们上哪儿知道这些，他们又不告诉我们……告诉我们又能咋整，还不是一样。”② 在每个调研村落的普遍现象是农作业的垃圾，如农药化肥的外包装，如农药瓶子、化肥袋等包装物随处可见。其中，Y村TA村民（男，58岁）明确表示：“瓶子全扔了，那药瓶子留它啥用呀。”③ 而该省中南部的S村里④，U村民（男，60岁）则认为：“（村委会跟我们）讲是讲，光知道白色垃圾、农药瓶子有毒什么玩意的，但是他打完药了，他随时随地就扔了空瓶子了，不是说你必须给我捡走统一交给我，销毁什么的。”⑤ 而农药化肥的不当使用更是直接导致了农村土壤和水质的恶化。现代农业的复杂性已远非传统农业可比，农药化肥的用法用量、有害物质的甄别、塑料薄膜使用后的处理，以及绿色农业模式等均需要系统性的习得。即便如此，现代社会中职业训练或岗前培训虽然已成为所有人职业生涯中必不可少的一环，但关乎农业发展、农村环境，乃至全体社会成员健康这一议题上，农民群体的职业培训，无论是制度性的正规教育，还是社会公益性的非正规教育均处于严重匮乏的状态。而沉淀于日常生活中的不正式的教育方式也随着人口流动、村落共同体的衰退并不能起到相应的功能。

可以说，从村民农耕中的环境行为来看，毫无环境学习的痕

---

① 2017年6月24日，于J省H镇ZY村委会。

② 2017年6月24日，于J省H镇ZY村。

③ 2017年7月26日，于J省B乡Y村。

④ S村位于J省中南部，居于S镇镇政府所在地。全村270户，972人，主要从事种植业，部分从事养殖业与小型商业经营，农闲时外出务工。S村村委会所在地前是一条拦河坝，开凿完成时间较短，将村落与农田区隔开来，但是拦河坝已经被河外延的垃圾堆与被扔进河内的垃圾严重污染。情况相同的是，沿村落住宅房屋方向的小型沟渠也已经被垃圾堵塞，水质遭到严重污染。但是具有财政支持环卫的村落两条主要干道，整体较为整洁。村内每百米便设有垃圾箱，供村民倾倒生活垃圾。

⑤ 2017年6月25日，于J省H镇S村。

迹，也并未遵守最基本的法律规范。如《中华人民共和国清洁生产促进法》第22条规定：农业生产者应当科学地使用化肥、农药、农用薄膜和饲料添加剂，改进种植和养殖技术，实现农产品的优质、无害和农业生产废物的资源化，防止农业环境污染。但在实际的生产活动中，为提高产量实现经济利益，过量投入农药化肥已成为常态。直至2017年12月，农业部发布了在5年内将禁用全部高毒农药，针对农药化肥的使用量也相继出台了零增长行动方案。[①] 然而，村民在实际的生产生活中对这些信息并不了解，对此也颇感无奈。S村村民AS（男，48岁）表示："（具体成分）不知道，卖农药的（推销员）讲过，农药是得少用，但多撒几次也省事儿，要不忙谁也不过来……农家肥有的也上，但是化肥也得上，不上不长，而且化肥是占主要的，全都指着化肥。"[②] Y村村民BT（男，51岁）说道："那不多不行啊，我年年增，我现在都得200多斤。最初是140斤一亩地，现在是220来斤一亩地。10年快增加了100斤化肥。"[③] B村村民KA（男，56岁）说："不扔地里放哪儿啊，都是一次性的。最多是把它收起来一烧。"[④] ZY村村干部E谈到施肥的问题："就是现在，不是农忙的时候吗，地有一定的量，基本就不去人工处理了，就是可地打了（农药）。春天最明显的是这个化肥，地应该是一垄一垄的，你去一看，整个覆盖着全都是化肥。如果说是白色的，或是五颜六色的，你就一看，哎呀我的天哪，这一片全都是化肥，你说能好吗？"[⑤] 虽然这样的施肥活动便于村民节省时间创造其他经济收入，但是过度与不当使用的双重负面作用，不仅造成粮食产量下降，影响农作物品质与村民身体健康；而且导致土地板结，土壤污染，甚至威胁生物多样性与生产、生活用水污染。对此，村民除了知道农药化肥的过度使用会导致地

---

① 董峻：《5年内我国将禁用全部高毒农药》，央广网，2017年12月4日，https://baijiahao.baidu.com/s?id=1585851552311585571&wfr=spider&for=pc，2021年8月19日。

② 2017年6月25日，于J省H镇S村。

③ 2017年7月25日，于J省B乡Y村。

④ 2017年8月8日，于H省Z县B村。

⑤ 2017年6月24日，于J省H镇ZY村委会。

力的下降之外，具体会造成哪些影响，与自己及家人的身心健康，乃至村庄的未来又有何关系，村民们大多缺乏相关知识。如 ZY 村村民 WE 认为，“这个肯定有影响，产量也不行了，以后咋样，不知道……我孩子也搬到（县）城里了。”①

对于是否有必要展开环境学习，村民们都持有肯定的态度。Y 村村民表示希望有机会学到环境知识，村民 GO（男，42 岁）说，“大队组织开会，讲解，那肯定要好一点呗。”② 对于垃圾等环境问题的恶化，ZY 村 FE 村民（男，45 岁）认为，“学习点儿，能差不少，至少能比现在强点儿吧”，但是，对于村民的学习现状则表示，“有图书室和（远程）教育节目，我没去过，都是养猪、养牛的，我不弄这些。”③ 而对于环境知识的获取渠道，绝大多数村民表示，看电视能多少了解一些相关知识，但至于如何将学习的内容落实，如何在日常生活中进行实践，即便是参加过环境知识讲座的村民也表示了消极的态度。S 村 CH 村民（男，55 岁）描述道：“（去的人）多大岁数的都有，有妇女去的，那种地，我不在家，妇女去，也有岁数大的，有的老人不在家，孩子去的，儿女去的；在家的，平均一户都能来一个”，“学习倒是学了，这方面的卫生知识、环境保护、环境治理都学，学了他不给你办呀。学也学完了，哼哈给你答应，回去还该怎么地就怎么地。”④ 村民 LD（男，62 岁）在提到是否去参与的问题，提到另外一个在农村较为普遍的问题，即，参加活动能否取得相应利益，无论大小：“哎呀，我感觉你要是给点小奖品，人们可能还会去。咱们村就是这样。如果给发个小铲子、小勺子，大家都搬着凳子去了。你要是光去让人家听，肯定没人去。”⑤ 曾长期处于物质匮乏状态下的农村社会，利用小奖品来吸引村民参加学习活动，短期内可提高参与率，但这并不是一个具有泛用性的举措，也不具有可持续性。

---

① 2017 年 6 月 24 日，于 J 省 H 镇 ZY 村。
② 2017 年 7 月 27 日，于 J 省 B 乡 Y 村。
③ 2017 年 6 月 24 日，于 J 省 H 镇 ZY 村。
④ 2017 年 6 月 25 日，于 J 省 H 镇 S 村。
⑤ 2017 年 6 月 25 日，于 J 省 H 镇 S 村。

而一个更为讽刺的现象是资本力量对村民环境教育的介入早已实践了多年。村民环境知识的获取渠道，除了有限的媒体（电视）、讲座、图书室之外，由于农业生产物资经销市场的激烈竞争，农药、化肥、种子等生产公司皆施展浑身解数以扩大销路。H镇的Z干部表示："他们（厂家）每年都办很多宣传营销活动，组织人到这儿来。现在农村经销市场的竞争非常激烈，包括农药、化肥、种子等等。你上我这儿买化肥，我呢就请你吃饭，我还可以给你送化肥。或者按你买的吨数量，给你回扣。或者给你钱，自己去吃饭、雇车把东西拉回去，农药化肥和种子都是自己买……以家庭为单位买，村里不管这些。"① 可想而知关于农药化肥用法用量的知识，这些公司的推销员也自然成为信息提供的角色。村民LA说，"他们（推销人员）给讲，用多用少都有数儿，想多产点儿，就多上肥"②，这当中农技站的技术人员的指导角色已严重后退，WS村民说道，"上肥打药，之后还得到城里打工，人家技术员也不是专门给你服务的，也没啥难的，就照着他们（推销人员）说的撒，别是假的就行"③。

从调研的结果来看，无论是环境恶化的现实情况，还是村民对环境知识的实际需求，都表明农村环境教育亟待有序开展。那么，该如何促进环境知识获取渠道的多样化、体系化，又如何能够在日常生活中能得以实践，这就需要以环境学习这一关乎所有农民生产生活乃至健康的活动为切入点，推动学习型村落的建构。

三　学习型村落的建构路径

（一）建构的理论基础

学习或接受教育是每一个社会成员的基本权利，公共政策有必

---

① 2017年6月23日，于J省H镇政府。

② 2017年6月25日，于J省H镇S村。

③ 2017年6月24日，于J省H镇ZY村。

要为此提供基本的准入路径。学习权利这一理念首次出现于1919年的《魏玛宪法》中，此后受教育权作为一项基本人权逐渐在国际上确立（秦奥蕾、张禹，2004）。联合国教科文组织于1985年3月发表了《学习权利宣言》，指出学习权利兼具促进个人成长与社会发展，保障学习权利是人类社会面临的重大社会问题（UNESCO，1985）。而基于人权理论的受教育权是指，公民有权要求国家保障其平等的受教育权利（白桂梅等，1996）。对此，中国宪法中第46条规定："中华人民共和国公民有受教育的权利和义务。"学习权利除了入学就读权和受义务教育权之外，还包括教育平等权、接受职业教育和业务培训权、终身受教育权等一系列的权利。

基于学习权利这一理念而出现的"终身教育"在第一次世界大战前后在西欧国家逐渐得到了普遍的承认。"二战"后，被誉为"终身教育之父"的朗格让（Lengrand）于1965年提交给联合国教科文组织的成人教育国际促进会议上的议案——《关于终身教育》引起了广泛的探讨。其著作《终身教育导论》（1988）指出，学习不应该受年龄限制，教育的最终目标也并非仅限于个体知识储备量的不断扩大，而是实现全面发展和创造自我价值。联合国教科文组织汉堡研究所的戴夫（Dave）则认为，终身教育应是个人或集团，通过一生所经历的一种人性的、社会的、职业的过程，来提高自身生活水准。终身教育是集'正规的'、'非正规的'及'不正式的'学习在内，具有一种综合和统一的理念，以带来启发及向上为目的，存在于人生的各种阶段及生活领域（联合国教科文组织国际教育发展委员会，1996）。村民作为独立的社会存在，在农村生产、生活中，需要通过终身学习提高生活质量，改善生活环境，从而推进农村发展进程，解决农村发展中出现的问题。

保证非正规的与不正式的学习能够在日常生活中顺利开展，有必要开展学习型社区的建构。圣吉（1997）曾在《第五项修炼》中针对学习型组织理论指出，学习型组织是指企业有目的地构造相适应的组织结构和战略，来实施和增强组织学习。打造学习型组织，实现个人和组织共赢以五项价值取向为基础：自我超越、改善心智模式、建立共同愿望、团队学习和系统思考。圣吉认为学习型组织是一个不断发展进步、创新超越的组织，是由点到面的知识共享系统，并且能够将理论转化为持续性的实践活动，进行创造性的行为。学习型组织强调"终身学习""注重完整过程学习""团队协作"等学习方式。做到工作、学习相互渗透，互为基础，双向提升。最初作为管理学领域的学习型组织理论，之后逐步被运用于多个学科与实践领域，包括学习型社区、终身教育体系建设等，从而推动学习型社会的创建。赫钦斯（Hutchins，1968）曾在《学习型社会》一书中指出，全民教育和终身教育如同坐标上的横轴和纵轴，关乎人类生存发展的两个重要维度。学习型社会的基本特征是使社会的所有成员都善于不断学习，从而形成积极良好的社会风气。亦即，以学习、成就、人格形成为目的，提供非限时成人教育，成功实现价值转换，以便实现一切制度所追求的目标社会（筑波大学教育学研究会，1986）。联合国教科文组织国际教育发展委员的报告《学会生存——教育世界的今天与明天》（1996）中指出，人们只有通过不断学习，来更新自身的知识储备、锻炼和掌握多种能力，才能适应社会的飞速发展。为此该委员会提倡建设学习型社会，而基石就是终身教育——如果学习包括一个人的完整一生（时间跨度与领域宽度），而且也包括全部的社会资源，那么我们要在不断前行中对教育系统进行检查与修补，达到一个学习型社会的境界。

上述理论都揭示出教育或学习的规律是贯穿人一生的行为，只要有人的存在就不可能消失，其中蕴含着每个人都具有改变自我的可能性，是自我变革的重要途径。乡村的山林田地之间，世世代代繁衍生息，传承着土地的耕种、家畜的饲养、气候的掌握，以及乡土文化的沿袭。这些被排斥在学校之外的教育形式、教育行为和知识体系，同样具有不可替代的价值。因此，除上述理论之外，针对现代社会以学校为主体的教育体系，我们还需要批判教育学的理论视角。其主要有三个范式（温克勒/Winkler，2017）：①站在社会的角度思考教育，将教育的概念理解为一种社会进程（societal process），如此，教育目的就应该为满足社会需求而展开。然而，如果教育只随着社会需求而起舞，那么，必然会遭到质疑和批判，学校教育可以对年轻人的就业及其财富的获得进行指导，但学校教育的功能也就仅限于此。②教育应被视为一个自律的系统（Autonomous System），所以教育以其自有的方式在社会中自主运作，教育事务就是教育系统自身的事务，尽可能地排除外力的干扰。③有必要广泛地纳入社会和文化对教育的种种影响，但不能以社会需求为出发点来建构的教育概念，而是在特定的社会与文化背景下去养成一个有尊严的、可以自律的人。而针对正规教育之外的教育实践的实证研究，日本学者丸山英樹与太田美幸（2013）通过对多个国家的比较探讨，发现除了正规教育（Formal Education），即制度化的学校教育之外，非正规的教育（Non-Formal Education）——在学校教育之外有组织性的，教育内容与方法上具有一定规范性的教育形式，但未被官方认可，与不正式的教育（Informal Education）——主要指文化上的传承，即个人对语言、技术、社会经济、观念、认知、情感等文化模式的习得，是终身持续的过程，且广泛存在于现实世界中。后两者作为非制度化的教育对人格的形成、对时代变迁的适应往往会显示出更强大的功能，理应与正规的学校教育具有同等地位与价值。然而，提及教育，我们首先想到的就是学校；提及学习，我们首先想到的就是青少年，全然不顾学校教育与现代知识到底是能够带来变革，还是固化了既有路线，即以学校教育为主体的教育现代化其本身是否已成为制造问题的根源并没有进行充分的讨论。因此，突破教育现代化——学校教育君临天下的壁垒，其起点首先在于如何揭示其中的种种弊端。环境问题的层出不穷，已揭示出学校教育难以发挥其变革的功能，那么如若引导村民主体性地参与到乡村环境问题解决过程中，就需要建构非制度化终身学习的路径。

（二）建构路径的阻碍因素

虽然无人否定教育的意义，但对其意涵的理解却各有不同。根据上述的理论基础，我们可以知道，教育不仅仅局限于成年之前，而是贯穿每个人一生的学习活动，是对每个人成长过程的支援，而非强制灌输。因此，探讨建构路径的实质就是分析出哪些是路径的阻碍因素，而不只是应然层面的主张。

首先是基层行政单位工具理性下的纪律性教育。村民对周遭环境的恶化，有着明确的体验，这本来可以成为他们学习的动力，是他们在环境问题解决中确立主体性的开始，但是由于基层政府对教育的理解局限于宣传，甚至仅仅是一种纪律思维，而非支援性的教育。如“我们也想教育老百姓”，显示了村民如若不遵守政府制定的规章，那么就需要“教育”一番的权力性规训。农村生活垃圾等环境问题，需要各方主体协同起来应对，而为此构建的学习型村落，同样需要以协同的姿态才能得以成型。在这当中，政府掌握着巨大的社会资源，理所应当成为学习型村落建构的牵头人，为保障每个村民的学习权利提供物资与空间等硬件设施。同时，协调各方力量，如乡镇学校设施的利用，社会组织、专家等域外人员的邀请，在村民的参与下，共同商讨基于现实问题的学习活动的开展。正如第一部分中所梳理的国外环境教育的开展，政府仅仅是牵头人的参与角色，而非管理者或监督者，是以合作者姿态的参与，才能避免行政化的规训教育。同时，本书所指的教育并非学生端坐于课堂一样，由教育者进行信息的单向传播，而是以学习者（村民）为中心的学习实践活动。因为，传统意义的传授式教学，假定了知识如同可传递的物品一样，学生被要求说服自己去获得、理解教师所传播的信息，学生的主体性在这样的教育机制中被淹没（乔纳森/Jonassen，2002）。而知识是具有个人与社会或物理情景之间联系的属性及互动的产物，学习也应被理解为是现实世界中的创造性社会实践活动中完整的一部分，是对不断变化的实践的理解与参与（拉弗、温格/Lave & Wenger，2004）。这一点对于农村环境学习机制的建构尤为重要，村民只有在实践中学习，即在具体的问题场域中与情景产生关联，与其他共同体成员产生互动，才能从一个旁观者转变为参与者。这个教育过程必定是缓慢的，但如果放任效率这一工具理性的暴走，那么村民内驱性的动力则永远无法建立，环境问题解决的主体性也就无从谈起。

其次是发展主义迷思下村落价值的式微。现代性的发展主义最为典型的表征是城市化和工业化，在此过程中农村农业有着先天性的弱势。因为相对于工矿业的经济数据，地域社会的发展，乃至农民自身的发展都难以用亮眼的数据来呈现。在片面的发展主义洪流中，离土离乡所导致的村落共同体的碎片化，其实质是村民看不到从事农业的未来，农村农业的价值在现代化的进程中一落千丈。碎片化直接导致了村民的“集体失语”的状态（叶敬忠，2006）[①]，而更为严重的是，村民本身对农业农村以及农民身份的价值否定，这一点在访谈中村民对城镇化和移居县城的期望即可管窥出来。因此，如果援用圣吉学习型组织的五项价值取向，即自我超越、改善心智模式、建立共同愿望、团队学习和系统思考，那么，学习型村落建构的关键在于重建村落的现代性价值，而核心理念则为村民的自身发展。基于赞科夫（Zankov，2008）的一般发展理论[②]，可以知道村民的自身发展是指，与周围世界相互作用中是内因和外因相互转化与交互作用下所形成的观察、思维和实际操作的能力。这些能力的习得，无论是对于村民自身，还是农村社会，乃至农业的发展都是无法绕开的路径。因为，任何一个社会也无法承受失去农村农业的代价，这是无可比拟的价值。实际上，面对未来的发展趋势，在调研中也经常听到有农民希望学习有机农业等方面的知识，但囿于环境所限——没有相关的学习资料，也无专家或技术人员提供帮助，上网也难以找到有效的学习渠道，他们转型为新农民的路径可谓艰辛。这也进而引发了他们对下一代教育投资的加大，以期望子女彻底离开农村农业。因此，乡村振兴需从建构学习型村落开始，才能从根本上提升村落本身的价值。

（三）建构互动中各主体的职能

村干部与普通村民对现时期农村环境的变化，基于切身生活体

---

① 董伟：《谨防农民在新农村建设中集体失语——专访课题组组长叶敬忠》，《中国青年报》2006 年 11 月 22 日，http：//zqb. cyol. com/content/2006 – 11/22/content_1582591. htm，2020 年 5 月 9 日。

② 一般发展理论是由赞科夫针对儿童教育所创设的概念，相对于传统心理学一般发展理论的智力、意志和情感的发展，他提出了观察、思维和实际操作的教学理论体系。

验与直观感受有一定认知，也明白自身生产、生活活动对农村环境造成的危害。然而目前真实的环境状况如何，究竟是哪些行为不合理，这些行为又是如何作用于环境，村干部与村民则无法深刻认知。原因在于他们无从得知具体环境信息，环境素养的提升渠道还未开启，也无法获得外界对村落治理的指导，自身的发展权无形中被村民自己放弃、被二元社会结构的制度剥夺，没有能力应对社会的激变与层出不穷的问题。因此，以提高村民环境素养为目的的学习型村落的建设，是就村落环境问题，由各主体间平等的、动态的、互构的关系所形成的学习或教育网络。

班杜拉（Bandura，2001）曾在《思想与行动的社会基础》开宗明义地指出，他的理论冠以“社会”一词，意指人类的思想和行为的诸多社会根源，学习理论的参照点应是行为、认知、情感或环境的综合取向，而传统学习理论重个体轻社会、忽视人的内部因素与外部因素交互作用的思想倾向。那么这就需要思考一个怎样的社会情境因素会对村民的自身发展、变革带来良性的影响机制，因此本书将环境教育的焦点放在了各主体互动机制的建构之上，即方式，而非过度强调所谓的村民素质的提高，即应然的目的。机制的建构有赖于村落内部成员间，与村落内外系统间的良性协调，以及各系统特有的共振方式。因为，当代社会高度分化，高度自律的特征，是现代社会在功能方面分化的结果，系统间相互作用主要通过沟通互动来实现（陈秀萍，1985）。农村地区一是由于其自身的生产、生活特点，构成了独特的村落系统；二是村落系统与外部环境间的互动，通过自身的生产与活动以及与其他系统的交换，来维持自身发展，并直接影响整个社会的变迁（陈强、林杭锋，2017）。这一点表明了村落自身的发展必须与外界多个主体保持互动，才能为村落注入新的气息。因此，本节重点探讨学习型村落的建构中各方主体的角色及其功能的可行性，以期形成合力共同推进农村环境学习与环境整治运动的开展。

第一，基层行政单位整体性的规划与协调。基于县镇村基层干部的访谈可以得知，他们一方面期待上级单位或国家给予更大的投入，另一方面将问题归咎于村民的素质低下与不配合。然而，如前所述，环境素养的习得是后天的，是基于一定条件下才能形成，这一点早已超出了村民个体的能力范畴。既然是一个所有人都需面对的课题，作为公共政策的制定方与执行方就有必要为此做出切实可行的环境学习规划，而不仅是将一个整体性的问题矮小化为村民个体的素质问题。虽然，随着农村生产组织的解组，农村各项活动不再是集体性活动。从集体到个人生产形式的更迭变换，伴随而来的是农村公共生活形式的瓦解，这种私有化、利益化的农民个体缺乏凝聚力，导致农村地区人情疏远，陷入一盘散沙的状态（钱理群、刘铁芳，2008）。但村镇干部毕竟是乡村社会的精英阶层，拥有普通村民无法触及的权力资本与社会资本，对村民环境学习所需的设施、资料、资金、人员的调配依然可以发挥其应有的职能。因此，在中国社会的语境下，包括村委会在内行政单位必须承担在学习型村落建构过程中的牵头人、组织者的角色。

富尔（Faure）曾指出，所有部门都必须担负起当地市民的教育任务，如明确国家和政府的职责分工，持续推动教育改革进程，制定符合实际情况的教育政策，因地制宜规划教学活动，增加教育机构和组织的数量，秉持开放包容的教育宗旨，推动教育管理体制的全面完善等（联合国教科文组织国际教育发展委员会，1986）。这一角色需要技术、关心、共情、倾听他人的能力，以及进行说明责任的准备，这些要在有成员的地方来展露出来以获取他们的信赖，而非独断专行（Alinsky，1971）。因为，如果不能快速感知并尊重他人的价值观，那么交流与对话则难以成立（Freire，1970）。正如一直以来的农村文化建设，将村民视为需要被改造的客体，缺乏对话来理解村民的需求，导致农村文化建设要么千篇一律，要么成为应景式的官方政绩（龚春明、万宝方，2014；王世龙，谢梅，2014）。在学习型村落的建构中，基层政府即便握有各种资本力量，也需摒弃自上而下（Topdown）的模式，因为作为组织者除了需要拓展自己的知识面，呼吁成员参加外，还要真正做到与所有成员建立关系进行互动才能推进（建构）过程的良性开展（Warren，1977，1983）。如果处于优势地位的一方在这个过程中颐指气使，那么处于劣势地位的一方必然会皮里阳秋而畏葸不前。而平等的原则应该是任何克服“社会恶”，构筑“社会权利”活动的基石，因为无论是组织者还是参与者都会面临各种紧张与压力，积极的人际关系的构建可以缓和负面的紧张与压力（Speck&Attneave，1973）。也因此，东京都政府在《东京都资源循环及废弃物处理规划》中，特别强调了与辖内个各区市町村的合作要在相互角色的认知与尊重的前提下，建立一种基于平等关系原则下的合作关系。

第二，打破农民的信息茧房与村民的赋权。在H镇调研过程中，村镇干部表示，每年工作会议都会涉及农村环境问题，但不会传达给村民，一部分原因是有些信息内容按规定不能泄露，另一部分原因是村镇干部认为村民对此不感兴趣，更多的关注点在经济条件的改善上，所以村民从当地官方获取的环境信息微乎其微。然而，从上述的访谈中可以得知，村民有了解环境知识与相关信息的意愿，即使互联网与手机较为普及，但村民对获取相关信息的渠道并不了解。因此，各级政府应将环境信息真实、准确地告知村民，这也是公共部门应尽的说明责任。让村民了解到自身所生存环境的现实状态，在此基础上，才会有可能激发村民环境保护意识，采取环境保护行动。因为环境素养的形成有赖于收集、分析自己所处环境的数据与资料来掌握现状，当问题发生时能够构思解决路径，且具有表达这一构思的能力（安藤聪彦，1998）。这也意味着构思与解决能力的前提是数据与资料等信息的掌握，因此在批判村民环境素养低下时，更应该反思的是，农民是否囿于信息茧房之中，当地环境的信息接收路径是不是已被提前截断了。信息公开不只是涉及村民能否掌握到真实的现状，更是关乎在村民环境权益的层面上究竟是赋权（Empowerment）还是消权（Disempowerment）的问题。关于农民的赋权问题已有诸多学者进行了讨论，但是从本调研的结果来看，农民赋权的前提则是信息接收路径的确立。实际上，学习型村落的建构也是社区工作（Community Work）的一环，无法绕开基于信息的提供对村民赋权的问题。

通过截断信息流的消权，必然导致村民与决策及制度之间的隔离。如此经过几代人的隔离，突然被要求参加决策也往往显得无能为力，隔离的结果并非他们的决策是愚蠢的，而是对任何决策的参加都非常胆怯（Whitmore&Kerans，1988）。有村民就曾指出，“学了他不给你办呀。学也学完了，哼哈给你答应，回去还该怎么的就怎么的”，其中的问题是，一方面，所学内容过于笼统：“就是些环境卫生的问题危害，还有国家政策啥的……跟我们村儿没啥有关的东西”，与当地实际问题并无直接关联，另一方面，对于有机会是否参与环境决策或因居住环境的恶化对基层政府进行申诉，“我们小老百姓说啥都不顶事儿（起作用），有能耐的早都（搬）走了”①。可见普通村民在村落公共事务中对自我主体性与自我价值的否定。基层政府对信息的垄断也许是出于“给予”村民环境治理规划的便利，而惧怕规划制定过程中出现对立。但围绕环境问题的社会对立并非只有负功能，在对立中寻求解决方案，建立有效的新机制等正功能在国外的环境治理中屡见不鲜。同时，对公共议题的垄断意味着基层政府的绝对责任，有悖于村落环境治理是基于多方主体互动的原则，也有悖于各级政策中所倡导的村民主体性的确立。而学习型村落建构的起点一切源于信息的公开，是基于平等的地位、价值互相承认的共同创造，而非权力关系下的施与。

第三，乡村社会内外子系统间的连接与互动——乡镇学校的地域贡献与域外专家的“外卖讲义”。位于H镇的学校教师的来源，一是当地出身的教师，他们既是教师，也是当地居民，对当地的情况甚是了解；二是从外地新引进的特岗教师，其教学思维、教学方法可为乡镇学校注入新的活力。但这不应该只局限于学校内部，基于批判教育学的理论，现代学校体系的封闭性导致了学习内容与地域性的乖戾，除了地理上，学校还要在教育内容上与交流的广泛性上扎根当地。特岗教师也可以为村民提供新知识，本土教师可以为村民讲解当地的现实状况。同时，针对村民的教育体系需要做出一系列的结构化改革。美国心理学家布鲁纳（Bruner，1982）在《教育过程》中表示，要改变学校教育以适应未来的发展，必须将各科目领域中活跃的专家吸引进来，让他们与一线的教师合作，以期完善教育的结构化改革——知识由人类所建构，那么理应为课程设

---

① 2017年6月25日，于H镇S村.

计出最恰当的知识体系，才能认识到事物之间的相互关联。同样，环境教育学家 Fien（1993）也曾指出，环境教育是将人与自然、人与环境的关系置于生态学意义的可持续性与社会公正性的基础上，推动个人的价值观与社会结构的变革，其专业性需要专家的介入与实践。也就是说，关于农村环境教育，乃至学习型村落的建构必然要借助外在的力量介入。对此，可以借鉴在日本大学中广泛施行的“外卖讲义”制度，即学校或社会组织可通过大学对外联络部门，有偿邀请专家学者到现场讲授相关方面的知识与实践。目前中国大学等教育研究机关相对完整的知识体系与案例经验的积累，可以满足农村学习型村落对环境学习的需求，以及为上述行政单位的规划制定提供相关建议。除学者外，还可以引入 NGO 等社会组织的力量，其成员更具实践经验，根据村落的现实情况为村民提供学习与实践的素材，也可以在环境整治活动中指导村民的环境保护行动。

农村生态环境的恶化并非只是农村社会内部的问题，如第五章所述，农民在环境权益失衡下，将被污染的粮食卖给城里，以及农民以蛮力处理生活垃圾最终也会导致整个生态系统的恶化。因此，农村环境与农民权益更是一个全社会的、全民的问题，那么，内外子系统之间的相互连接就成了一个社会全体成员共同面对问题的开端。村民环境素养的匮乏，以及他们对环境知识的需求不单单是他们本身的问题，也不只是生态环境恶化的后果，而是对改良社会的、经济的、文化的、政治的现实需求。这些需求反映的是社会不公正的结构，因此发展最终要对社会的、经济的、政治的重构有所贡献，那么发展的模式，以及如何应对需求与解决方法之间的平衡，对于地方层面和国家层面而言都是极为重要的课题（Swift & Tomlinson，1991）。也可以说，村民发展的障碍是制度性的、结构性的，必然要求地方与国家层面的规划，以及外部力量的多方介入。同时，村民通过学习的自我发展所涉及的是一个本质性的设问——“作为人应该是怎样的?”，即能否对周围环境采取行动，施加影响力的问题（Freire，1970；Biklen，1983）。外部力量的介入是针对学习型村落的开发助力，也应该以支援村民在解决问题的实践中体悟自己的影响力为原则，以使他们最终确立主体性。

第四，自我效力感的确立——村民从被教育者到学习者、探索者的转变。如果只停留于上述三点的外在结构或条件，无异于再次落入了结构功能主义的窠臼，忽视了个体的能动性。因为，村民通过学习的自我发展所涉及的是一个本质性的设问——“作为人应该是怎样的?”，即能否对周围环境采取行动，施加影响力的问题（Freire，1970；Biklen，1983）。外部力量的介入是针对学习型村落的开发助力，也应该以支援村民在解决问题的实践中体悟自己的影响力为原则，以使他们最终确立主体性。而主体性的实质是其组织成员自我效力感的确立，即在实践中，成员感受到对自己所处的环境能够施加影响力，以此来满足自我的需求（White，1959；Lee，1999）。因为，基于心理学的研究表明，人只有对自己所处的环境感受到了掌控力，才有可能寻求新的信息、规划乃至战略（Langer，1983）。确立自我效力感的敌人就是外部力量的强制介入。对此，早在1826年，教育学家福禄贝尔（Fröbel）就在《人的教育》中指出，教育应当是顺其自然的，而不是绝对的、指示性的，因为生涯的各个阶段有着发展的连续性，不能简单地要求甚至强制他们超越自己所处的发展阶段。那么，教育者（外部主体）该如何介入村民的终身学习？教育是引导人的自我改变（大田尧，1990），使其成为独立的社会存在（关启子、太田美幸，2009）。为了保证村民的主体性，教育者（政府人员、专家、社会组织等）与学习者村民应该是导演（Director）与演员（Actor）的关系，前者提供舞台与剧本，而后者可根据自己的专长或志趣找到适合自己的角色，成为学习型村落这一舞台的表达者，剧本的实践者，以及实践过程中的修正者。其中的意义不言而喻，因为当教育一旦成为一个连续不断的过程时，即便在一定年龄和一定阶段上失败了，他还会有别的机会和可能性，他再也不会终身被驱逐到失败的深渊中去了（联合国教科文组织，1996）。

需要注意的是，虽然村民以蛮力处理生活垃圾，但这是由于村民被挤压在垃圾处理差序格局的边缘，环境权益失衡下的对抗策略，而不能全然否定村民的生活全部。村民生活中存在着循环再利用的节俭，适应当地自然生态的劳作等环节都可视为环境友好型的生活方式。教育也本应与生活实际相结合，因为教育的唯一主题就是多彩多姿的生活（怀特海/Whitehead，2018）。对此，环境教育学的研究需要克服人们在日常生活中无意识的4R实践。而日常生活就是生态学的世界早在19世纪已由美国科学家耶伦·斯瓦罗（Ellen Swallow，1842—1911）所提倡。斯瓦罗终生致力于环境教育与公共卫生的普及，她将家政学命名为生态学，并将其作为一门综合的环境科学进行了重新构建。她认为，家庭是跨学科领域的舞台，科学家的着眼点不应该是科学权威的竞争，而是通过多学科的合作来建构一个拥有美好环境的日常世界，是科学家与普通人，是男性与女性可共同参与的科学，即作为日常生活的科学——生态学（Clarke，1973）。可见，村民成为学习者、探索者并非单纯的角色转变，其中也蕴含了科学对普通村民的赋权。同样，在20世纪80年代兴起的“批判的环境教育运动”基于性别差异（Gender）的视角，对近代以来由“有教养阶层”所建构的知识的体系化与专业化提出了疑问（御代川贵久夫、关启子，2009）。环境教育文献中充斥着西方的、英语的、男性的世界观，而女性的关心、看法则被提前剔除掉了。其结果导致围绕健康、福祉、家务，以及社会政策等相关的环境教育研究中无法应用女性的视点，即便是在低识字率的社会中，女性对生命的维持、对家人的健康与营养摄取都有着无可比拟的作用（Gough，1999）。因此，在学习型村落的建构中如何提炼出女性村民在日常生活中那些无意识的4R实践，以及如何运用她们的视角、观点，关系到一个家庭，乃至共同体的健康维系，也是解构家父长制这一社会症结的必需。这一点对于中国农村社会的现状而言尤为重要，留守妇女与村落生态环境的优劣更为息息相关，又承担着照顾老人、抚养子女的重责，她们的关心与视角攸关学习型村落建构的成败。

四　小结——作为乡村振兴突破口的村民终身教育

长久以来，由于中国农村终身教育的滞后，导致在面对丛生的问题前很难看到村民的主体性。因为在成为国家权力的依附后，村民成为政策指令的被动接受者，当他们的境遇与这些政策指令出现龃龉时，又有了对精英、新乡贤等卡里斯玛型人物出现的期待感。当问题的严重性积累到一定程度时，或是对自己生活世界的恶化，如对垃圾问题的积重难返漠不关心，或是以破坏性的暴力对抗，乃至形成群体事件来应对。行政体系所下达的政策指令，往往也通过所谓学习或教育进行渗透，但这只是凸显了纵向的权力关系，而从调研来看，面对现实问题时，村民主体间横向互动的公共领域已丧失建构的根基。因此，近年来大举推进的乡村振兴，发展经济与市场化导向只能是其中的一环，而不应该成为压到其他层面——生态、文化、教育乃至公共领域建构的存在。如果仅以致富的经济理性来驱动村民的乡村振兴，抑或是将乡村振兴等同于经济利益的提高，那么其逻辑也暗含了对离土离农进入其他产业领域的正当化，因为职业转变或移居城市来提高收入水平往往要比农业生产本身更快。

因此，当提及乡村振兴时，我们首先需要厘清的是，振兴什么、如何振兴、由谁来振兴的问题。毋庸置疑，这三个问题的答案必然远远超出经济效益的范畴，而其目的与手段都离不开主体的人，即促动地域社会活力的村民。那么，村民如何获得主体性？我们难以想象一个随时准备一有条件就离开村落的村民会对乡村振兴发挥主体性的作用。那么，主体性的获得，如同环境素养一样，是后天习得的第二天性。只有认识地域、理解地域乃至解决地域所面临的课题，甚至参与村规民约制定过程才能获得主体性，这无一不需要教育力量的介入。因此，村民的终身教育作为培育村民主体性的路径，也是提升地域活力、振兴乡村的突破口。但在片面的发展主义迷思下，引资设厂的农村工业化成为乡村振兴的主要手段。这也导致了村落文化及教育设施的极度匮乏、基层干部对村民学习需求理解的不足，以及村民主体性遭到忽视的现状。现实中，调研地村民的娱乐休闲也因此出现了出奇的一致性，打牌、打麻将、跳秧歌成为几乎所有农民农闲时间的消遣方式。因此，本章在论及学习型村落的建构中必需域外的力量——专家学者、NGO 等的介入，因为，一个已固化的村落文化子系统必然需要与其他子系统的交叉融汇，才能孕育出新的活力。

米尔斯曾在《社会学的想象力》（2016）中指出，许多最严重的社会问题的解决方案，并不在于要改变个体的自身处境与性格特点，而是在于要改变与个体相连的社会制度和角色。那么，该如何改变？本章将问题解决的落脚点放在了通过终身教育来促动村民环境素养的提升。这里所指的教育并非仅仅是端坐在课堂中习得听说读写的技能，而是作为村庄主人的意识觉醒，即主体性的获得。因为教育的最终目的不是传授已有的知识或理论，而是将人的创造力量引导出来，唤醒他们的生命感和价值感。以此为目标的教育活动才能称之为主体性的教育。正如以成人教育家而闻名于世的弗莱雷（Freire，2020）的批判教育学理论揭示出，教育的作用是唤起被统治者的意识觉醒，使其认识到自己在创造人类社会发展中的主体地位，防止被物化而沦为没有思想的客观事物的一部分。农村社会中基层官员与村民、专家与村民、男性与女性，前者对后者的统治地位，均需在学习型村落的建构中加以修正，才能建构起学习者的主体地位。只有如此，他们也才能认识到人类自身与生态环境、经济发展与生态环境、城市与乡村、正规教育与终身教育，也同样所蕴含着中心与边缘的结构位置，即统治与被统治的关系。而面对周遭环境问题恶化的漠视与放任，实际上也是教育（学习）的缺失下精神世界的单一化与荒芜。因此，乡村振兴需要在一个教育及文化意涵的框架内加以思考，以促动普通村民成为村庄主人以提升地域活力。而无论是从村民的学习权这一基本人权出发，还是从遏制农药化肥的无序投放与垃圾生活等环境问题的角度出发，都无法绕过学习型村落的建构。与政府的纪律性教育和片面的发展主义迷思相对的是，多元主体互动的规则性教育（习得）与发展意涵的多元性，在环境治理中该如何运用教育手段来推进乡土社会的再造等课题，将在下一章农村垃圾问题的公共治理中进行探讨。

第十章　中国农村生活垃圾问题的公共治理路径

一　国外治理经验的启示

在现代化的进程中，迄今还没有任何一个国家能够完全摆脱环境问题的困扰，垃圾问题的特性更是让每一个现代人既成了加害者，也成了被害者。但问题不在于出现与否，而是如何应对——是得过且过，还是准备好为此付出相应的成本。如果是前者的得过且过，那么人类近代以来所讴歌的发展成果也将遗失殆尽，因为自然界无法消化掉的垃圾，事实上已在挤压人类的生存空间。也因此，对其的处理绝不能通过空间与时间的转移来对应。空间的转移包括，发达国家向发展中国家垃圾出口，也包括城市垃圾在乡村地区的倾倒；而时间的转移是指当代人的问题延宕至下一代，牺牲他们的生存空间以换取当代的发展。曾经历过广泛的环境问题的德国与日本在痛定思痛后采取了积极进取的垃圾对策，可资参照。

第一，对社会弱者的政策倾斜。其一，相对于人类的现代科学这一武器来说，自然环境处于弱势地位，不能单纯将自然环境作为资源的攫取地，再将人类的废弃物抛之于其中。人类不是自然环境的主宰，欧洲和日本等国已在开始摸索如何将尊重自然规律的理念体现在人类社会的方方面面，其经验值得借鉴。如，在德日的垃圾政策中，即便无法回收再利用的填埋或焚烧的垃圾，也都有严格的限制条件，在专业人员、专项资金、专管部门的统筹下才能进行处理。其二，在现代化的进程中农村和农业相对于城市和工业处于弱势地位，但这也成为政策倾斜的方向。在第四章所梳理的日本垃圾问题的对策中，我们可以频繁看到“市町村”等类似的字眼，凸显政策一体化的取向，尤其是包含乡村在内的广域化垃圾处理设施作为一项基础设施的推进对中国的启示更具参照意义。盖因在政策制定的根本理念上，不使任何一方陷于孤立无援的境地，如对独居老人的垃圾与居家医疗垃圾等方面的关切，都可管窥其政策的倾向性。

第二，细致化的垃圾对策才更具生活嵌入性。在大量生产、大量消费、大量废弃的生产生活模式下，从生产到消费，再到废弃的所有环节、所有物品如何减少浪费，乃至如何形成资源循环型社会，需要一个庞杂的社会系统做出相应的革新。而这个系统里的社会成员是该系统能否革新，以及革新能否维系下去的关键。但这不能成为素质论高低的判别理由，在此之前，能否为普通市民、普通村民提供环境学习的机会，如垃圾分类宣传册、学习册能否分发到户，以及政府与 NGO 等工作人员能否嵌入到社区或村落的生活中，而非仅仅一纸号令。德日都把环境学习纳入到学校、社区、团体等所有社会层面中，因为垃圾问题所涉及的是所有社会成员生产生活的方方面面。再如，德国对餐厨垃圾堆肥化的普及，东京的长期规划与为垃圾减量所采取的市民活动，以及上胜町政府工作人员为町民举办说明会，奔赴各地寻找垃圾回收公司等一系列的举措才提高了市民参与度，才使得德国和日本成为所谓的环境先进国家。

第三，生活成本的提高以换取高质量的发展，也是构筑资源循环型社会的必经之路。无成本的垃圾丢弃终将退出历史舞台，因为垃圾治理的各种收费形式，即可平衡垃圾治理参与度的差异，如积极使用可循环的物品则少缴费，相反则多缴费；也可让所有人理解现代性的代价，以促动社会整体的转型。社会成员在垃圾治理中生活成本的提高，也意味着政府需要为此做出更细致化的行政服务。从日本的治理经验来看，围绕垃圾的纷争和垃圾治理的收费化，都促进了资源循环型社会的建立。德国民众坦然接受了饮料容器收取押金的规定，盖因其社会思潮舍弃了“只顾眼前利益与经济发展，等到有了余力再应对环境问题”的取向，因为环境问题解决得越迟缓，负担越大，其结果只会导致竞争失败，被时代所抛弃。同时垃圾处理的收费化仅是垃圾治理链条中的一环，其政策的制定也必须是一个统一的有机整体，如日本垃圾处理收费化所导致的不法投弃，那么就应该同时出台相应配套措施以防止此类问题的发生。

二　农村垃圾治理的共助体系

突破片面发展主义下的经济发展，注重社会建设、改善人居环境，促进人类与环境的和谐共存共处，是推动社会良性发展的大势所趋。在乡村，农民的生活世界，不应是被异化与殖民的世界，而是需要乡土社会连接公共性的积极培育。在此基础上，农村垃圾问题的公共治理有必要建构一个“共助体系”，包括公助、互助、自助的以人为本的社会体制来应对这一现代性的困境。

（一）公助：退耕还林模式的借鉴

公助是指行政单位在政策上的导向与资金上的扶持。如果以发展的语境来概括当今中国现状的话，一个鲜明的特点就是爆发式的经济发展，与严重滞后的社会发展之间的矛盾，如同在双轨道上单轮运行的双轮车一样，无法保证可持续的运转。垃圾问题在消费社会下的凸显，即是其写照之一。那么，社会发展与经济发展相较有何区别？

经济发展包括，为促进产业开发而建设的基础设施、工厂等实体上的开发，可通过投资、技术转移和学习等途径，较容易达到。而社会发展包括三个方面：第一是硬件设施，这是与经济发展相重合的部分，包括基础设施、医疗卫生和教育设施等生活条件的改善；第二是软件方面，包括社会组织和以社区建设为主的发展；第三是人本主义，即促进居民潜在能力的发展（恩田守雄，2001）。其中第二点和第三点是社会发展和经济发展的根本性区别。对于社会发展的概念，在所调查的村镇干部中并没有明确的意识，工作的重心和规划依然是经济发展，社会发展处于等而次之的地位。即使是在日益凸显的垃圾问题上，也是期待着国家指令的下达和资金的到位，对组织的散漫和村民的不合作，也只是对过往可强制性动员时代的怀旧。其潜台词是经济发展到一定程度时，问题会自然而然地迎刃而解，而现实的逻辑是，村民在未完全富裕起来的情况下问题已经十分突出。在战略层面上，基层村落组织有必要转变只以经济建设为中心的政策导向，重建基于与他人的纽带和共生的共同体，以提高村民对公共事务和公共课题的参与程度。

对于垃圾处理体系的建立，即回收、运送、分类、再利用这一具体的问题上，首先面对的就是如何解决、由谁解决散乱在各处长期积累下来的垃圾问题。如 H 省 A 村长达十几公里的垃圾带，是在村内公地上形成，并成为理所当然的垃圾堆放地。快速且彻底清除这个公地垃圾，是摧毁破窗效应持续发生的基础，如若不然，随意丢弃行为的再生产将会永久地持续下去。但即便设立了垃圾处理部门，也不可能应对如此庞大的回收工程，如前所述，只是 2016 年的农村垃圾就已达到 1.5 亿吨，其中 50% 未加任何处理，这需要村民的集体力量，而基层村落组织也不可能再回到强制性动员的时代。因此，在思考如何激励村民参与垃圾回收的政策，可以借鉴退耕还林模式的途径。

退耕还林工程在世界环境保护历史上，是一项投资最大、政策性最强、区域面积最大、民众参与程度最广泛的生态重建工程。国务院 2002 年颁布的《退耕还林条例》规定，其政策是指国家向森林和草地环境弱化地区的农民发放粮食、资金、种苗等补助，激励村民进行复原林地的一项政策（李国平、张文彬，2014）。其中最为关键的是用生态补偿和经济上的激励方式带动了村民的广泛参与，并促进了村民的增收和森林覆盖率的上升。以此模式为基础，在应对大面积垃圾带的时候，可以期待在短时期内将散乱的垃圾彻底清除掉。第一，行政体系和回收部门的单独行动不可能在短期内回收多年积累下来的垃圾，花费时间过长，破窗效应则无法消解。第二，需要多数村民的参与，国家按回收垃圾的重量和劳动时间支付给村民一定的经济补助，激励参与度的提高。第三，规定在一定的区域内和时间内完成回收、分类及搬运。第四，此后产生的生活垃圾由重建的垃圾处理体系进行回收。

农村地区工业垃圾的倾倒和堆放，以及污染工厂的排污，其中的受益人与受损人利益界限分明，相较而言，在法律和政策的完善下易于产生问题意识并采取行动。而农村生活垃圾，比如随意丢弃垃圾行为，其中所产生的利益没有人可以进行独占，因为受益者和受损者是“大家”，由所有村民共同承担，利益界限不明确。这样一个隐蔽的、长期的、复杂的，是村民在并没有完全富裕起来而产生的日常生活和个体行为问题的社会化，而行政手段或公权力对个人生活介入的程度有限。因此，对于公地垃圾问题最初运用经济补助方式来促进村民的参与，在短期内是一个有效的权宜之计。村民在参与中，必然会理解到无法自然降解的垃圾对居住环境和农业耕种的危害。同时，焕然一新的自然空间和居住环境的诞生，是个人调整自己与自然之间关系的契机——自己是破坏者还是保护者的角色定位，在此基础上才有可能终结随意丢弃行为的再生产链条。

（二）互助：基于公共性的纽带

以经济方式收购垃圾是为了保证能够集中地、快速地清除共有地的垃圾，杜绝随意丢弃行为再生产的举措。但既然是一个公共课题，那么长期内还是需要村民在互助的纽带下携起手来共同应对现有的课题，而不是将问题甩给行政部门。对此，如上一章所示，行政部门和 NGO 等团体可提供有关垃圾分类、有害物质的学习，以及对 4R 理念的实践。对于村民来说，互助体系的形成有赖于对乡村的爱护，和对公共利益的维护，即公共性的建立。

对于公共性的解析，日本学者荒川康（2006）指出其具有三个层面。第一是“法律和制度的公共性”，第二是“国民共同财产（自然及文化遗产）的公共性”，这两种公共性可以从上述的公助当中去寻求。第三是与前两种的制度和国民相对应的“基于私情的公共性”。对于公地的保护和再生，不能只以前两种公共性为基础进行论述，因为“基于私情的公共性”依托的是具有不可替代性的生活世界，是支撑个人行为的根源性要素，并且无论哪种公共性都是可以通过后天的学习实践活动而习得，即“可培育的公共性”（御代川贵久夫、关启子，2009）。对于村民来说，“基于私情的公共性”是对生我养我的村落、山川的爱护，是一种基于情感纽带、共同保护村落的公共性。与“基于私情的公共性”对照起来，垃圾的散乱所折射出的问题是，村民为何对自己不可替代的生活世界的恶化会采取一种漠视的态度，以及是什么阻碍了公共性的建立。

在前近代的历史长河中，中央集权的行政权力没有直接渗透到村落内部，使得村落自治在宗族的团结和族长的权威下得以维持。其内部建立起自卫、防火和互助的体系来巩固内部自治，这就是“基于私情的公共性”而形成的纽带和自治体系。但近代之后，在历经战争、饥馑所导致的人口流动中，自然村减少，行政村增多，自治体系逐渐弱化。特别是新中国成立后，村民纷纷被编入生产队，再加上宗族权威的来源——祠堂和族训被当作迷信成为取缔的对象，进而村民不得不依附于现代国家的权力体系。改革开放后，人民公社解体，农村和村民的地位下降，以及村民对曾经的强制性集体主义的抵触，都反映在对村落公共事业建设的消极态度之上。被现代化的浪潮不断冲击的中国农民，村落整体的宗族观念稀薄化，依托于村落自治的“基于私情的公共性”消退。互为表里关系中的自治无法真正贯彻下去的时候，村民的公共性自然无法彰显出来。因此，在村民的精神结构中，村落作为一个公共圈已然缩小为家庭或个人之间的关系网络。

至于“可培育的公共性”，在现时日常生活中所需要的土壤并不丰厚。近年来，随着中央财政对农村的投入，农村的义务教育、医疗服务，以及社会保障制度和公共文化体育设施相较以前已有大幅度的改善。这些政策基本是为了缩小城乡差距所做出的补偿性措施，对于人本主义的社会发展，即村民对公共事务参与的程度和能力的促进，并没有太大的改观。相反，在所调查的村和乡镇干部皆怀念过去强制性集体主义的便利性，对所谓“个人主义的蔓延”和“农业税的取消”而导致的村民不合作深恶痛绝。究其原因，除了强制性集体主义已不再具有正当性以外，还有村落内部曾经均质化的结构也被打破。

近年来随着现代化和城镇化浪潮的裹挟，职业和住所的分离增多，特别是城乡差距加速了分离的节奏。然而，除了城乡之间的差别，村落内部的阶层分化也开始逐渐显露出来。在J省D县的农村地区，田地拥有数量的多寡，以及养殖等副业的有无，决定了在村落这个场域中的经济资本占有量，收入差距可达数十倍以上。经济资本的基础是对子女教育进行投资的保障，进而又可转化为对文化资本的占有。曾经均质化的村落内部在出现阶层化现象后，养殖业者和田地大量拥有者与邻居之间，出现了雇佣关系。离农现象和内部贫富差距不断打击着曾经紧密的村民关系，有形的或无形的藩篱已然修葺在村民的内心深处。在这样的状况中，无法将一个长期的课题——公共性的培育作为一个亟待解决的课题。因此，相较于村落整体的公共圈长期利益，充满焦虑的村民会转为向短期利益及家庭利己主义倾斜，正如所调查的农户中，其院子里都是规整的、干净的，而院子外则是垃圾散乱的世界。

传统的自治体系在今日已不可复制，但在今时与往日之间的比较可以看出，与村民活动范围大幅增加相反，对公共课题的关心和行动的公共精神却大幅度缩小、稀薄化。无论是对权力体系的依附，还是对经济资本的追逐，正如哈贝马斯所指出的那样，现代社会是一个被殖民化的生活世界，金钱与权力代替了语言沟通，对社会的整合人与人之间的交往行为已不再起到相应的功能（哈贝马斯，1999；2004）。因此，一个村落如果没有相对独立的、大多数村民都能够参与协商、沟通的公共领域，那么公地的垃圾只会成为大家的、他人的、政府的问题。因此，源于个人的，又成为公共课题的生活垃圾，势必要以主体间的对话，没有外在强制因素的对话中达到主体间的相互理解，在这样的公共领域中需要时间一点一滴地达成新的行为规范。这样的生活世界可成为“互动参与者的资源”，通过它，其成员可提出能够达成共识的命题（哈贝马斯，2004）。这种基于协商制度而形成的互助体系，是减少行政负担和促进村落治理的关键。对公地垃圾问题的治理是村落空间的再造和自然环境的管理，同时也是“可培育的公共性”逐渐形成的契机。只有以村民为主体的沟通互动中，已然缩小为家庭和个人间网络的村民公共圈才有可能重新扩大，共同遵守的行为规范才能得以革新。

（三）自助：乡土教育的价值

成为公共课题的生活垃圾，其源头是在每个村民的日常生活中，不断出现，积累出来的问题，无论是公助，还是互助，没有村民的日常实践不可能成功。因此，解决问题的关键是村民能否认识到自己既是问题的制造者，又是问题的受损者。这就需要确立村民以自助的姿态，作为问题解决的主体，重新习得新的规范，如4R的理念和实践。因此，本书在上一章探讨了村民终身教育（学习）的普及是唯一可行的途径。因为，一个社会之所以能够形成，是由于人们的共同信仰、思想和精神，而要达到人与人之间的这种思想的交流，需要教育来承担这样的工作（杜威/Dewey，1916/2018）。但教育行为往往存在于权力关系当中，带有象征暴力的色彩（布尔迪厄/Bourdieu、帕斯隆/Passeron，2021）。因此，促进村民的自助要竭力摒弃以上对下的指令式宣教，不仅是因为强制性的动员已不再具有正当性，也是实践教育对学习者支援的基本理念。

教育不是期望学校回归乡村。因为，即便是回归，作为制度化的教育模式，其学习内容已然背离乡村的本位，甚至贬低乡村的生产和生活，已不再是能够给乡村人带来灵感、幸福与希望的教育了（孙庆忠，2014；2014）。而且，学校的环境学习并没有对现实中的环境问题发挥遏制的功能，恰恰相反，学校教育成为既有生活生产路线的再生产装置。现代社会中，对学校教育的偏重和对学历的偏执，已然成为现代社会的文明之病（Dore，1976），因为其严重阻碍了作为人类本能的学习能力的发展。这个能力不是局限于青少年时期，也不是消极地等着被灌输的态度，而是贯穿人一生的自律知性（Ivan Illich，1999）。但大多数关注中国农村教育的人士，往往将教育等同于学校教育，将学习行为天然地限定为青少年时期，仿佛普通的成人村民不存在学习的需求一般，选择性地忘却了他们的自我发展。这一点恰恰印证了学历社会成为当今社会的文明之病。

如上一章所示，农村教育的重建，更应该思考如何促进自律知性和面向终身教育的学习型社区的建构。在实证调研的村落里，都已开设小型的村民学习室或图书室，但藏书大都为关于计生和农畜牧业生产类的书籍，并且利用者寥寥无几，所举办的活动屈指可数，其内容大多为农畜牧业的技术学习。终身教育的学习型社区需要将学习活动和村民生活及现实课题结合起来，才能促发学习者的动力。因为，生活本身是丰富多彩的，每一人生阶段都应充分感受周围的环境，过一种有意义的生活，教育就是在这种有意义的生活中不断促进对经验的改造或改组（杜威，2018）。以此为目的的学习型社区，可以成为公共领域的载体，与前述的互助是相呼应的关系。但村民对现代化、城镇化毫无防备的拥抱是导致他们一有条件就离土离乡的主要原因，因此，如何重振乡土价值则是学习型村落建构的一大课题。其解决路径，需要通过与村民生活、与民众文化息息相关的乡土教育来推动村民以优势视角来重新审视乡土的价值。

首先，乡土教育是以当地的历史、文化、民俗、自然、地理为题材而进行的学习内容的收集、编纂、传承的参与式学习过程，是根植乡土、聚焦现实问题的学习活动。村民对乡土环境变化的了解，必然会折射出问题的所在。这是促动其能够自主地改变生活方式的途径，即自助的实践，而这一点更加符合学习作为人类本能的特质。因为，具有普遍性和强制性的学校教育在人类历史的长河中，只在近代社会才开始出现，是为了迎合工业社会对产业工人的需求，这种基于功利主义的划一性教育体制不符合各具特色、问题不同的乡土社会。在乡土的传统生活中，人类在幼小时跟长辈在实践中学习农作物的耕种、气候变化的掌握、家畜的管理、土地的利用。作为主体的个人，在文化的、宗教的、社会的、技术的活动中，积累经验，教育（＝学习）与行为是一体的。其中并没有教与被教的概念，而是自己通过观察、试行、再修正这一过程来完成自己的社会化。这种社会化也保证了当地生活体系和生态特色的融合，是当地作为一个可持续社会的根本。这一系列的实践恰好地体现出自助的重要性，乡土教育和垃圾问题的结合，是村落空间再造的契机，也是结合当地实际情况的人本主义的社会发展。

其次，虽然传统意义上“皇权不下县”的状态已无法回归，基本的社会结构也被国家—代言人—农民所取代，乡土中国正在发生转型并呈现出了诸多新的特点，然而转型并不意味着质变，表面上看，虽然“乡土中国”逐渐演变为“离土中国”，但是乡村社会的底色尚在（赵旭东、张文潇，2017）。因此，可以说乡土教育是对当地固有价值的再确认，是重建生活世界中“基于私情的公共性”，同时需要纳入关于垃圾问题的学习和4R理念的实践。固有价值的重新确立，是以优势视角来重新审视乡土的途径，而一个垃圾遍地的乡村不可能会让村民感到有任何优势。在所调查的村民中，即便是不愿意移民到城市的老人，也都无一例外希望自己的孩子以后到城市里生活，认为城市是发展的前沿，至少看起来是干净的。一方面，说明村民对垃圾问题有了明确的问题意识，但对于相应问题的知识和信息，无法从适当的渠道获得。另一方面说明这样的认知显示了在长期的二元结构下，已经形成制度化的心理弱势和自我否定，加速了他们离开农村的步伐。这种对现状的妥协心理是建立自助精神和解决问题的最大障碍。对村民来说，经济落后尚在容忍范围之内，而一向优异于城市的田园风光已因为垃圾遍地而不复存在。一个凋敝的、环境恶劣的，村民以加速度脱离的村落，若要重新振兴，亟待乡土教育来促动村民重新认识当地固有价值，而垃圾问题就是遮蔽其固有价值的一大障碍。这样的价值并非已完全消散，它就存活在村民的集体记忆当中，这是乡土重建的精神基础，也是村落社会再生产的情感力量（孙庆忠，2014）。此种情感力量同基于私情的公共性的意涵相契合，亟待学者等更多的人士去关注，去发掘。

三 垃圾治理公共领域的构建

韦伯（2019）曾在《学术作为志业》中说道，我们的时代，是一个理性化、理智化，尤其是将世界之迷魅加以祛除的时代，我们这个时代的宿命，便是一切终极而最崇高的价值，已自公共领域隐没。除魅后的现代社会并没有令人欢欣鼓舞，而陷入理性牢笼之内的现代人无论如何也离不开公共生活，势必面临着如何重建已然衰落的公共领域的问题。对此，哈贝马斯进行了一系列的探讨。他认为，现代社会只是在经济和国家层面的系统中得到了整合，而真正的整合要立足于生活世界，仍要依赖于交往行为（哈贝马斯，1993）。交往是社会发展的基本动力和基本形式，遵循“交往理性”，即真实性、正当性、真诚性、可沟通性的原则便能达到有效的沟通，亦即在与他人交谈、互动的过程中，应该着重理解、尊重对方，而并非将他人视作工具或手段，更不是单方面的权力施行或压力的传导。以此才能摒弃现代性中过度的工具理性，达到工具和价值理性的统一，并在相互理解的基础上保证生活世界处于健康的合理化状态。在他看来，真理就在共识之中，从单个的“主体性”转变为交往理论的“主体间性”才是人类社会的本质，因为人类是通过其成员的社会协调行为而得以维持下来的，这种协调要求各方放弃原有的立场，交流沟通，增进相互理解，以达成共识（哈贝马斯，2009）。

概括而言，哈贝马斯所指的公共领域，是社会生活的一个领域，参与人通过对话来形成公共意见（陈勤奋，2009）。这个源于西方社会的概念，原本是指与行政体系并行的，依据自由的、自发的语境而成立的体系，但在实践中其行使主体往往只限定于有学识的阶层，所以，该概念已逐渐转变为以民众文化活动为基础的公共领域（御代川贵久夫、关启子，2009）。其创建途径是通过道德及法律规范的重构来形成交往理性，以促使生活世界脱离殖民化（Mathieu，2013）。因此，在村落生活垃圾问题的治理中，不仅需要配置硬件，例如政府投入资金，建立垃圾回收点、实行定期清运制度等，更需要乡土伦理价值和强制规范作为保障，变革村民的传统惯习，实现村落公共性的培育。这也印证了奥斯特罗姆（Ostrom，2000）在《公共事物的治理之道》的著名观点，公共资产共同维护的成功案例，并不是既有“国家理论”“市场理论”的体现，并非公有和私有的简单区别，而是公共体制与私人体制的多方面结合，通过各种力量之间的相互制衡来最终实现资源的持续使用。

（一）法律规范可执行性的确立

调研地区的村镇干部普遍提出，环境问题在基层工作难以开展的一个原因是，有中央和地方的政策方针，却无约束村民行为的惩处措施，行政人员也没有执行相关环保法规的职权。调研中J省H镇的镇干部L提到，“现在有环保法，全国人大不是又推行了一个新法律吗，关于防治污染，烧秸秆，这都有。现在国家的政策研究都很细，到基层也有，但基层最难的是，有法但是没有执法权，环保法是我们能执行的吗？我们没有执法部门，几个干部谁手里有证？……我们就是执法了，也没有人保护我们，挨揍也没有人管，现在就是这个状态……这个基层，不是我们不想把环境卫生抓好，但是人家不听你的”[①]。不仅是镇干部L的困惑，调研地区的村镇干部普遍提出，基层工作难以开展的主要原因是没有强制约束村民行为的制度，也没有执行相关环保法规的职权。面对村民之间的纷争与矛盾，生活垃圾的随意丢弃，村干部只能进行简单协调，“只能靠劝，靠忽悠”凸显基层单位的无奈。

对此，相应法律制度的建立，应该像一根链条一样，把生活世界与经济、行政系统联系在一起（夏宏，2011）。在法律制度建设中，不仅对企业的污染要有严格的惩处措施，而在环境问题日益复杂化、日常生活化的状况下，对个体社会成员的环境危害行为也要有明确的惩处标准。然而在所调研地区，行政单位在法律及政策方针上有着明确的正当性，但在无专门人员管理也无经费支持的情况下，管治的可执行性严重欠缺，导致在制止纠纷和随意丢弃行为时，村镇干部畏首畏尾，其正当性的权威也就无从树立。法律法规是生活世界中的底线，也应该是社会的共识，在此之上才能呼唤良治的出现。村落垃圾治理的环保法规，不仅需要在法律上明确利益攸关方的责权与利益，更要在生活世界中，以法律性语言为媒介的

① 2017年6月23日，于J省D县H镇政府。

交往互动获得正当性基础。这也是现代社会何以成立的一个根本性的课题。因为，在社会分化及个体化的进程中，需要法律这一带有客观性、强制性、普遍性特征的规范将原子化的个体整合到一起，以促成现代社会的建立，从而使人们摆脱对传统惯习的依赖，所谓的社会治理的现代化途径也才会应运而生。而法律法规的权威性无疑是建立在可执行性的层面之上，因此，农村基层单位在环境保护的可执行性的确立直接关系到各级政府法律及政策的实施效果。

（二）新道德规范的参与式习得

如前所述，生活垃圾问题有其特殊性——私人领域的问题叠加之后进入公共领域，最终成为公共的、社会的问题。通过法律手段可以对公共领域的问题进行管治，却难以介入每个个体的私人领域，这就需要进行道德层面的重新构筑加以拟补。

需要明确的是，道德规范并非一套简单的被加以设定的抽象规范体系，也不是类似于科学的知识系统，而是与生活世界相联系在一起的价值系统，将理想性价值融入现实的生活世界（夏宏，2011）。在调研地区的村落，“卫生公约”“村规民约”本可以通过共同协商来制定，以此作为一个途径来加强村民对自身的约束力，但通过调查发现，“公约”由乡镇干部、村干部一手制定，再分发到村民家中，整个过程基本没有村民的参与、决策。这也正如H省Z县的村民们所说：“村子里面有个什么事儿，‘大队’[①] 几个人就做主了，人家一讨论就完事儿了。也有村民代表，但是也很少看到村民代表参与”[②]；“不就是人家（指村委会）商量商量。跟你商量什么呢？小农村里，咱什么也不是”[③]。之所以在村民眼中“公约”形同一纸空文，是因为只有那些得到（或能够得到）实践话语的全体参与者根据他们的能力表示赞同的规范，才可以称为是

---

① 1958年中国农村实行人民公社化后，公社下设生产大队、生产队等各级组织。生产大队一般以自然村为范围，简称大队。此处村民依旧采用原来的说法，意指村委会。

② 2017年8月8日，于H省Z县B村。

③ 2017年8月8日，于H省Z县B村。

有效的（Habermas，1990）。而现实中，规则的建立没有以共识为基础，同时也导致了上文所述的法律法规及政策方针在执行上的困难。因此，在村民之间，需要展开有效的交往行为和符合交往理性的话语情境，以交往式的道德学习代替灌输式的道德教育，促进村民对于交往世界的关注，才能使公约具备约束性和有效性。

如第四章所梳理的日本垃圾对策史中，在垃圾等环境问题日常生活化后，每个社会成员作为个体的环境行为，已不单单停留于自己的私人领域当中。那么，在个体的行为势必会成为公共的、社会的行为时，如何重塑个人的环境行为，成为日本特别是20世纪90年代后舆论及学界的一大焦点。无论官方还是民间，都将居民的参与式治理与居民自组织的环境学习作为了新规范习得的最佳途径。在垃圾问题治理的具体执行过程中，地方政府根据自身情况建立分类回收制度，小至各个村落也有不尽相同的分类策略和回收方法，这些过程无不需要居民的协助配合，此外，虽然新规范的习得几经周折，但对于新规则的建立，居民的参与从未缺席。如果说日本国民在垃圾问题上公共道德良好的话，那么必须指出的是，其良好的表现并非天然的，而是拥有后天习得的条件，和为适应社会变化而生发新道德的土壤。

如今，正值农村环境整治的关键时期，严格细致的垃圾分类与回收制度等技术层面的建立固然重要，但更需要村民之间的相互协调与良好互动来进行长久的环境维护。对此，只有通过交往式道德的建构，即，村民对公约或民约等建立的参与，才能使这些新道德规范焕发生命力。虽然过程缓慢，但法律的强制力终究是有限的，而道德规范的治理效力更能提供长久的功能性支撑。郭于华（2017）曾指出，针对农民的还权赋能（empower），即还他们本应具有的生存权、财产权和追求幸福的权利，以解决所谓的农民问题。在此基础上还应再加上制定规则的权利，才能主体性地应对现实中的课题。因为，在村落治理现代化道路的探索上，难以绕开“不成熟的个体化”这一课题，那么，还权赋能的实质就是突破单一的经济发展模式，注重村民个体的发展，从而推进农村共同体社会的良性发展。

四　结语——垃圾问题的反身现代性

现代社会的急速变化让人目不暇接，那种一眼望到底的传统人生观已不复存在。取而代之的是不确定性大增的现代社会，当中的错位与不可预测性所形成的风险社会是一个失控的社会，因此启蒙时代以来一切合乎理性秩序的期望，已被证明是无效的（吉登斯，2000）。日本曾经在20世纪60年代，人们普遍相信经济成长会永远持续，电子产品和汽车等高端消费品开始涌入千家万户，使人们对大众消费社会的形成充满了无限美好的想象。正是由于这一合乎理性秩序的期望，社会各界在面对垃圾处理社会纷争的广泛化时措手不及。随着期望的落空，社会整体不得不面对新的现实，重构一个资源循环型的社会体系。当中，各级政府法律条例的制定、垃圾分类、清运收费化、垃圾袋的特定化、回收再利用、垃圾回收时间的指定等等，无不充满着对抗与斗争、妥协与合作。日本生活垃圾总量从2000年的峰值到现在已减少近1000万吨，对于一个已经成型的大量生产、大量消费、大量废弃的浪费型社会来说，此过程不仅是极其艰难，也是难能可贵的。其间包括各级政府的政策出台、修订、再试行的努力，也有企业进行的商品包装减重化，而最关键的是普通市民对4R的逐渐接受，与之相应的意识与行为在全社会的普及。

人们往往认为环境问题随着经济与科技的发展，终将会消失不见。然而，“人化环境”或“社会化自然”（吉登斯，2000b）犹如打开了潘多拉的盒子一般，环境问题从未缺席过现代社会。虽然所谓的环境先进国家大幅度克服了水质和空气等“看得见”的环境问题，但大量生产、大量消费、大量废弃的生产生活方式并没有得到根本性的改变，环境政策与环境技术只是暂时将环境问题包装了起来，变得不可视化而已。对此，普遍的社会思潮是发展中国家也要重复，甚至必然重复发达国家所走过的道路，换言之环境问题的出现只是短暂的阵痛，有一种随着科技和经济的发展终将被克服的侥幸心理。但如果我们考察一下环境史与科学史的相关性，不难发现环境问题的出现与复杂化，科技所发挥的负面作用不容小觑（李全鹏，2012）。甚至，如社会两难困境所显示的那样，现代社会的环境问题群犹如一张大网，把每个人都裹挟其中并深受其害，却又动弹不得。现代性的困境就是明明知道危害的所在，却出现了得过且过，将问题通过空间转移到其他地方，或是通过时间转移到下一代的机制。因此，现代化的路线不是唯一的，也并非绝对正确，需要我们创造出新的知识来超越现代文明悖论，推动污染循环型社会转变为资源循环型社会。

资源循环型社会体系的形成中，最为艰巨的课题是生活垃圾问题的日常性与普遍性。其根源在于消费社会的特质——我们生活在物的时代，注重的是物品带来的感官和欲望的满足，物品的泛滥犹如野蛮生长的植物一样，现代人无法在其中找到文明的样子，皆变成了一群生活在商品丛林中的野蛮人（鲍德里亚，2014）。现代人已完全陷入大量生产、大量消费、大量废弃的陷阱，而如何摆脱这一现代性的魔咒归根结底在于每个人能否做出变革，并为此付出相应的成本。但个人却往往囿于现有社会结构与条件而不能获得足够的变革自我的资源，甚至，最大的阻碍恰恰是被现代性所规训的我们自身。源于西欧的现代社会自开启以来，在理性主义、科学主义、发展主义的大合唱下，现代性已同进步、合理、富裕、快捷等瑰丽的词语融为一体，获取了足够的正当性，形塑了我们的思考方向与未来的道路。

但现代化的对象——对自然世界、传统和宗教的除魅实际上已经告一段落，而现代性本身已成为现代社会不确定性的根源，因此对于自我和社会的反思，乃至重塑，即反身现代性（Reflexivity）登台亮相的时刻已然到来（Beck&Giddens&Lash，1994；Beck，1992）。其中，最为显著的课题就是在人类中心主义的发展观下，对自然环境的予取予求所造成的延绵不绝的生态灾难。垃圾问题更是让每一个人既成了问题的制造者，也成了问题的受害者。而为了工业化和经济发展，在先城镇，后乡村的社会管理工程化的背景下，中国农民的环境权益则被一再忽视。但从本书的实证研究来看，如果仅仅将中国农村垃圾问题归结于城乡二元结构，非但不能清晰地呈现问题的特质，对生活垃圾这一公共治理的课题也于事无补。因为这是关乎现代社会的每一个成员如何反思发展、反思自己，如何重塑自己的意识与行为的课题。

那么，反思与重塑的路径又在哪里？面临着日益严重的垃圾危机，利用其日常性与普遍性，也可以成为我们每一个普通人重新审视现代性的契机。而路径就是成为我们生活场域的全球社会，为我们提供了更多、更丰富的异文化知识与实践路径。全球化理论家 Robertson（1992）指出，当代世界是一个压缩的世界（compression of the world），文化与社会及其成员朝着相互关联的方向被牵引，共同的力量与相互交流让我们的生活强有力地结构化，世界成为一个场域，成为一个体系。这也正是本书在"引言"中援引李普塞特的话语的缘由——只懂得一个国家的人，他实际上什么国家都不懂（A person who knows only one country knows no countries）。可以说，在第一部分中所探讨的德国对片面发展主义的摒弃、日本资源循环型社会的构建及上胜町的零垃圾运动所带来的启示，既是随着全球化而来的知识流动，也为我们提供了培育反身现代性的力量，即我们的现代化路线是否还可能有另一个路径可循。

从其他国家的垃圾对策路径可知，所有国家都不可能在一朝一夕之间解决垃圾问题，但更让人忧虑的是对现代化毫无防备的、彻底的拥抱。当这样一个现代化的病理，与中国农村社会正在经历的社会病理相结合的时候，垃圾就不再只是一个经济发展和技术水平的课题。中国农村生活垃圾是多重病理相叠加而凸显出来的问题，对其诊断和治疗也应该思考一服综合性的处方，即前文所提出的行政体系的公助、村民主体间的互助和对村民自助的学习触发。如果是一个成熟的市民社会，那么，其顺序应该是，自助、互助、公助，也就是说在自助和互助不能完全应对的时候，才会有公助登台亮相的机会。但在中国农村地区，无论是快速清除共有地散乱的垃圾，还是公共领域的成立和对乡土教育的推动，公助的力量都不可或缺。而在现阶段，对中国农村生活垃圾的现实处方是，从这三个层面同时推进，以形成有机的共助体系，才能使4R的理念与实践渗透于生活的方方面面。但长期对公助的依赖，不啻于强化了村民生活世界的空洞化和殖民化，再加上无论是乡村干部或是普通村民对社会发展的概念和规划并没有明确的认识，甚至将其等同于经济发展，当然这也折射出当今社会整体对社会发展轻视的现状。对于同时具有公共性和私人性质的生活垃圾问题，社会本身的发展对互助和自助的促进更是长久的、根本性的机制。

从污染循环型社会到资源循环型社会的转变，没有一番阵痛——全体社会成员的负担与努力，一切只能沦为空谈。基于调研可知，村民无不憧憬着更富裕、更快捷的生活方式。这本无可厚非，但对其代价与成本——生活垃圾问题的持续恶化，对其具体的危害性及相关知识与应对技能的掌握则几乎处于完全空白的状态。在这样的状态下，即便是国家与地方的政策都在倡导村民的主体性，基层干部的话语中也常见所谓村民素质的提升，但长期以来并无明显的改观。对此，我们更应该思考的是，他们作为村庄的主人，却为何没有主体性？主体性的习得该如何改善外在于他们自身的社会结构和条件？如若期望村民以村庄主人翁的姿态，积极地参与垃圾问题的治理，就需要支援他们提升自身的环境素养，掌握垃圾问题与自身生活各个层面的相关性等环境知识与解决技能。以此为突破点，摒弃生硬的宣传教育，充实农民终身学习的教育资源，才能使他们在生活中理解并践行4R的原则与理念。因为，只有根植于自己的生活认知，才是自我变革，乃至社会变革的起点。一个社会之所以会发生变迁，就是因为有足够多的个体将过去尚可容忍的现象视为问题，必须加以解决的情势的出现（Newman，2017）。

而我们作为局外人要做的是，关心权力与资源的差异性分配，将个体与群体从不良的生活环境中解放出来，使个体有更多的自由与独立行动的能力，以达到选择生活方式与自我实现的目的（吉登斯，2000b）。因此，在普通村民被排除在现代教育体系之外的状态下，从外部介入到村民终身教育的学习型村落的建构，尊重乡土社会的知识与技能，即通过他们对反身现代性的习得，以促使村民的终身教育与环境学习在乡土社会有一席之地。如此，有更多自我效力感的村民才有可能获得主体性，也才能应对垃圾问题等一系列的现代性困境。可以说，突破这一困境的路径，归根结底取决于包括中国农民在内，所有社会成员能否对自己所建构的治理制度、社会结构与文化进行挑战、变革。当然，这也是人类对一直以来被奉为圭臬的现代价值的重估与挑战，但我们无法离开地球而生存，而地球离开了人类只会变得更好。

参考文献

一　中文文献

［美］奥尔森:《集体行动的逻辑：公共物品与集团理论》，陈郁等译，上海人民出版社 2018 年版。

［美］奥斯特罗姆:《公共事物的治理之道》，余逊达译，上海三联书店 2000 年版。

白桂梅、龚刃韧、李鸣等:《国际法上的人权》，北京大学出版社 1996 年版。

［美］班杜拉:《思想和行动的社会基础——社会认知论》，林颖译，华东师范大学出版社 2001 年版。

［法］鲍德里亚:《消费社会》，刘成富、全志钢译，南京大学出版社 2014 年版。

［英］鲍曼:《个体化社会》，上海三联出版社 2002 年版。

包智明:《环境问题研究的社会学理论——日本学者的研究》，《学海》2010 年第 2 期。

［德］贝克:《风险社会》，张文杰、何博闻译，译林出版社 2004 年版。

［美］伯格、卢克曼:《现实的社会建构——知识社会学论纲》，吴肃然译，北京大学出版社 2019 年版。

［法］布尔迪厄、帕斯隆:《再生产——一种教育系统理论的要点》，邢克超译，商务印书馆 2021 年版。

［美］布鲁纳:《教育过程》，邵瑞珍译，文化教育出版社 1982 年版。

曹海晶、杜娟:《环境正义视角下的农村垃圾治理》，《华中农业大学学报》2020 年第 1 期。

操建华：《乡村振兴视角下农村生活垃圾处理》，《重庆社会科学》2019 年第 6 期。

陈阿江：《次生焦虑——太湖流域水污染的社会解读》，中国社会科学出版社 2010 年版。

陈阿江：《从外源污染到内生污染——太湖流域水环境恶化的社会文化逻辑》，《学海》2007 年第 1 期。

城市治理编辑部：《着力补齐垃圾分类这块“短板”》，《城市治理城市治理》，南京大学出版社 2018 年。

陈军：《农村垃圾处理模式探讨》，《江苏环境科技》2007 年第 2 期。

陈强、林杭锋：《社会系统理论视角的农村社区管理》，《重庆社会科学》2017 年第 7 期。

陈勤奋：《哈贝马斯的“公共领域”理论及其特点》，《厦门大学学报（哲学社会科学版）》2009 年第 1 期。

陈秀萍：《功能结构和社会系统——简介卢曼的功能结构系统理论》，《社会》1985 年第 4 期。

［法］迪尔凯姆：《社会分工论》，渠东译，生活·读书·新知三联书店 2000 年版。

［法］迪尔凯姆：《社会学方法的准则》，狄玉明译，商务印书馆 2011 年版。

段景春：《我国农村环境教育的重要性》，《河北农业科学》2008 年第 5 期。

［美］杜威：《民主主义与教育》，魏莉译，长江文艺出版社 2018 年版。

［日］饭岛伸子：《环境社会学》，包智明译，社会科学文献出版社 1999 年版。

费孝通：《乡土中国》，人民出版社 2008 年版。

［巴西］弗莱雷：《被压迫者教育学》，顾建新、张屹译，华东师范大学出版社 2020 年版。

［德］福禄贝尔：《人的教育》，李中文译，暖暖書屋 2019

年版。

龚春明、万宝方：《鄱阳湖生态经济区农村文化建设：现实困境与发展路径》，《世界农业》2014 年第 7 期。

郭于华：《当农村趋于凋敝农民却未“终结”》，《财新网》2017 年 08 月 30 日，http：//opinion. caixin. com/2017 - 08 - 30/101137775. html，2019 年 9 月 15 日。

［德］哈贝马斯：《公共领域的结构转型》，曹卫东、王晓珏、刘北城等译，学林出版社 1999 年版。

［德］哈贝马斯：《哈贝马斯精粹》，曹卫东选译，南京大学出版社，2009 年版。

［德］哈贝马斯：《交往行动理论》（第二卷），洪佩郁、蔺青译，重庆出版社 1993 年版。

［德］哈贝马斯：《交往行为理论》（第一卷），曹卫东译，上海人民出版社 2004 年版。

［德］黑格尔：《法哲学原理》，范扬、张企泰译，商务印书馆，1961 年版。

［美］赫钦斯：《学习型社会》，李德雄、蒋亚丽译，社会科学文献出版社 2017 年版。

贺心滋：《乡土史的教育与教学》，北京教育出版社 1999 年版。

洪大用、马芳馨：《二元社会结构的再生产——中国农村面源污染的社会学分析》，《社会学研究》2004 年第 4 期。

洪大用：《社会变迁与环境问题——当代中国环境问题的社会学阐释》，首都师范大学出版社 2001 年版。

怀特海：《教育的目的》，赵晓晴、张鑫毅译，上海人民出版社 2018 年版。

黄宇：《中国环境教育的发展与方向》，《环境教育》2003 年第 2 期。

贾亚娟、赵敏娟、夏显力等：《农村生活垃圾分类处理模式与建议》，《资源科学》2019 年第 2 期。

［英］吉登斯：《超越左与右——激进政治的未来》，李惠斌、杨雪冬译，社会科学文献出版社 2000 年版。

［英］吉登斯:《现代性的后果》，田禾译，译林出版社 2006 年版。

［英］吉登斯:《现代性与自我认同》，赵旭东、方文译，生活·读书·新知三联书店 1998 年版。

［英］吉登斯:《社会学方法的新规则：一种对解释社会学的建设性批判》，田佑中、刘江涛译，文军校，社会科学文献出版社 2003 年版。

康海燕:《农村生态环境保护现状及对策》，《经贸实践》2017 第 10 期。

［美］卡森:《寂静的春天》，张雪华、黎颖译，人民文学出版社 2020 年版。

［美］柯林斯、哈尔福森:《技术时代重新思考教育：数字革命与美国的学校教育》，陈家刚、程佳铭译，华东师范大学出版社 2013 年版。

［美］莱夫、温格:《情景学习：合法的边缘性参与》，王文静译，华东师范大学出版社 2004 年版。

［法］朗格让:《终身教育导论》，腾星等译，华夏出版社 1988 年版。

雷俊:《城乡环境正义：问题、原因及解决路径》，《理论探索》2015 第 2 期。

联合国教科文组织国际教育发展委员会:《学会生存——教育世界的今天与明天》，教育科学出版社 1996 年版。

李广贺:《村镇生活垃圾处理》，中国建筑工业出版社 2010 年版。

李国平、张文彬:《退耕还林生态补偿契约设计及效率问题研究》，《资源科学》2014 年第 8 期。

林兵:《对环境社会学范式的反思》，《福建论坛（人文社会科学版)》2017 年第 8 期。

刘铁芳:《乡土的逃离与回归：乡村教育的人文重建》，福建教育出版社 2011 年版。

刘鑫、王蕾、胡飞龙等:《生物多样性公约》下有关农药化肥减量化要求及我国的对策建议》，《生态与农村环境学报》2021 年第 8 期。

刘一凡、庞娇、陈永霞等：《农村居民生活垃圾分类行为与分类意愿的文献综述》，《山西农经》2020 年第 2 期。

李亚新：《我国农用地膜污染现状及治理回收》，《甘肃农业》2018 年第 24 期。

李子健：《中国迈向 21 世纪的学校环境教育研究》，《华东师范大学学报（教育科学版）》1998 年第 3 期。

罗春、彭民浩、彭辉：《论二噁英污染产生的危害与治理对策》，《环境研究与监测》2011 年第 1 期。

［美］米尔斯：《社会学的想象力》，陈强、张永强译，生活·读书·新知三联书店 2016 年版。

［美］明特：《废物星球：从中国到世界的天价垃圾贸易之旅》，刘勇军译，重庆出版社 2015 年版。

宁鸿、王晓雪：《生活环境主义视角下的农村生活垃圾问题探讨》，《广西民族师范学院学报》2020 年第 1 期。

［日］鸟越皓之：《环境社会学：站在生活者的角度思考》，宋金之译，中国环境科学出版社 2009 年版。

［美］帕森斯：《社会行动的结构》，张明德、夏翼南、彭刚译，译林出版社 2012 年版。

钱理群、刘铁芳：《乡土中国与乡村教育》，福建教育出版社 2008 年版。

［美］乔纳森：《学习环境的理论基础》，郑太年、任友群译，华东师范大学出版社 2002 年版。

［德］齐美尔：《社会是如何可能的：齐美尔社会学文选》，林荣远译，广西师范大学出版社 2002 年版。

秦奥蕾、张禹：《论受教育权的宪法效力——以基本权利的实现为视角》，《中国教育法制评论》2004 年第 3 辑。

任耐安：《中国的环境教育事业》，《环境教育》1995 年第 1 期。

［美］桑内特：《公共人的衰落》，李继宏译，上海译文出版社

2008 年版。

宋欢：《广东农村生活环境分析及对策研究》，《广东农业科学》2013 年第 8 期。

宋立杰、陈善平、赵由才：《可持续生活垃圾处理与资源化技术》，化学工业出版社 2014 年版。

宋丽娜、田先红：《论圈层结构——当代中国农村社会结构变迁的再认识》，《中国农业大学学报（社会科学版）》2011 年第 1 期。

宋林飞：《教育：生命性与乡土味》，上海教育出版社 2009 年版。

孙庆忠：《社会记忆与村落的价值》，《广西民族大学学报（社会科学版）》2014 年第 9 期。

［加］泰勒：《现代性的隐忧》，呈炼译，中央编译出版社 2001 年版。

唐博文、郭军：《如何扩大农村内需：基于农村居民家庭消费的视角》，《农业经济问题》2022 年第 3 期。

田青：《中国环境教育研究的历史与未来趋势分析》，《中国人口 · 资源与环境》2007 年第 1 期。

汪蕾、冯晓菲：《我国农村生态环境治理存在问题及优化——基于产权配置视角》，《理论探讨》2018 年第 4 期。

王莎、马俊杰、赵丹等：《农村生活垃圾问题及其污染防治对策》，《山东农业科学》2014 年第 1 期。

王诗茜：《农村居民消费及结构变化的问题探究》，《中国市场》2020 年第 26 期。

王世龙、谢梅：《农村地区文化需求差异性研究——以成都地区为例》，《农村经济》2014 年第 9 期。

王雪峰、杨芳：《基于城乡统筹视角的农村生活垃圾二级转运模式研究》，《环境卫生工程》2019 年第 5 期。

王晓毅：《沦为附庸的乡村与环境恶化》，《学海》2010 年第 2 期。

王雪妮、张成：《关于我国城乡建筑垃圾资源化的探讨》，《山东工业技术》2018 年第 3 期。

［德］韦伯:《新教伦理与资本主义精神》，阎克文译，上海人民出版社 2018 年版。

［德］韦伯:《经济与社会》，林远荣译，商务印书馆 1997 年版。

［德］韦伯:《学术与政治》，钟永翔等译，上海三联书店 2019 年版。

魏佳容、李长健:《我国农村生活垃圾污染防治的法律对策——基于湖南省常德市石门县的问卷调查》，《华中农业大学学报（社会科学版）》2014 年第 2 期。

温克勒:《批判教育学的概念》，《华东师范大学学报教育科学版》2017 年第 4 期。

吴尔:《乡村振兴背景下农村生态环境治理困境与破解路径研究——基于社会变迁的分析视角》，《安徽农业科学》2020 年第 5 期。

夏宏:《面向生活世界的社会批判理论》，中国社会科学出版社 2011 年版。

谢治菊:《重拾精神家园——贵州乡土教育的探索与实践》，西南交通大学出版社 2012 年版。

许艺新、赵晏、张明月:《农村垃圾“城乡一体化”治理模式探析》，《中外企业家》2020 年第 6 期。

杨善华、孙飞宇:《作为意义探究的深度访谈》，《社会学研究》2005 年第 5 期。

杨善华:《感知与洞察：研究实践中的现象学社会学》，《社会》2009 年第 1 期。

杨曙辉、宋天庆、陈怀军等:《中国农村垃圾污染问题试析》，《中国人口·资源与环境》2010 年第 1 期。

阎云翔:《中国社会的个体化》，陆洋译，上海译文出版社 2012 年版。

叶兴庆、程郁、于晓华:《德国乡村振兴的主要做法及启示》，《今日国土》2018 年第 12 期。

衣俊卿:《现代化与日常生活批判》,黑龙江教育出版社 1994 年版。

伊庆山:《乡村振兴战略背景下农村生活垃圾分类治理问题研究——基于 s 省试点实践调查》,《云南社会科学》2019 年第 3 期。

岳波、张志彬、孙英杰等:《我国农村生活垃圾的产生特征研究》,《环境科学与技术》2014 年第 6 期。

于晓勇、夏立江、陈仪王等:《北方典型农村生活垃圾分类模式初探——以曲周县王庄村为例》,《农业环境科学学报》2010 年第 8 期。

[苏] 赞科夫:《教学与发展》,杜殿坤、张世臣、俞翔辉等译,人民教育出版社 2008 年版。

张金俊:《农村环境群体性事件的社会约制因素研究》,《长春工业大学学报(社会科学版)》2013 年第 2 期。

张立秋:《农村生活垃圾处理问题调查与实例分析》,中国建筑工业出版社 2014 年版。

章也微:《从农村垃圾问题谈政府在农村基本公共事务中的职责》,《农村经济》2004 年第 3 期。

张英民:《农村生活垃圾处理与资源化管理》,中国建筑工业出版社 2014。

张玉林:《环境抗争的中国经验》,《学海》2010 年第 2 期。

张玉钧:《垃圾与生活》,《中国绿色时报》1999 年 4 月 9 日。

赵晶薇、赵蕊、何艳芬等:《基于"3R"原则的农村生活垃圾处理模式探讨》,《中国人口·资源与环境》2014 年第 2 期。

赵立玮:《规范与自由:帕森斯社会理论研究》,商务印书馆 2018 年版。

赵素燕、任国英:《生活环境主义与环境社会学范式》,《重庆社会科学》2014 年第 4 期。

赵旭东、张文潇:《乡土中国与转型社会——中国基层的社会结构及其变迁》,《武汉科技大学学报(社会科学版)》2017 年第 1 期。

郑寒:《对农村环境教育的思考——基于滇池、洱海湖滨区农村的实地调查》,《生态经济》2011 年第 12 期。

周凤箫:《推进我国农村垃圾分类的难点以及解决对策》,《现代农村科技》2020 年第 2 期。

周雪光:《基层政府间的“共谋现象”:一个政府行为的制度逻辑》,《开放时代》2009 年第 12 期。

[日] 筑波大学教育学研究会:《现代教育学基础》,钟启泉译,上海教育出版社 1986 年版。

朱善杰:《重绘中国人的生活图景》,《南风窗》2016 年第 4 期。

二　外文文献

安藤聡彦:《環境教育の課題》,藤岡貞彦編:《環境と開発の教育学》,东京:同时代社 1998 年版。

北川秀樹:《中国の環境政策とガバナンス——執行の現状と課題》,京都:晃洋書房 2012 年版。

柴田晃芳:《政治的紛争過程におけるマス・メディアの機能——「東京ゴミ戦争」を事例に》,北海道大学法学論集,2001 年第 2 巻。

舩桥晴俊:《環境問題の社会学的研究》,饭岛伸子、鸟越皓之、长谷川公一、舩桥晴俊编《講座環境社会学 I ——环境社会学の視点》,东京:有斐阁 2001 年版。

舩桥晴俊:《環境問題の未来と社会変動》,舩桥晴俊、饭岛伸子《講座社会学 12 環境》,东京:东京大学出版社 1998 年版。

串田秀也、好井裕明:《エスノメソドロジーを学ぶ人のために》,京都:世界思想社 2010 年版。

大田尧:《教育とは何か》,东京:岩波书店 1990 年版。

恩田守雄:《開発社会学》,京都:ミネルヴァ書房 2001 年版。

21 世紀の廃棄物を考える懇談会:《自治体における政策決定プロセスのあり方:合意形成に重点において》,財団法人日本環境衛生センター 2001 年。

饭岛伸子:《环境社会学》,东京:有斐閣 1993 年版。

服部美佐子:《ごみ減量: 全国自治体の挑戦》, 东京: 丸善株式会社 2011 年版。

关启子、太田美幸编:《ヨーロッパ近代教育の葛藤——地球社会の求める教育システムへ》, 东京: 东信堂出版社 2009 年版。

河北新报报道部:《東北ゴミ戦争》, 东京: 岩波書店 1990 年版。

荒川康:《墓地山開発と公共性》, 宮内泰介編《コモンズをささえるしくみ》, 东京: 新曜社 2006 年版。

菅翠:《みんなで協働し、ゴミゼロの町へ: 上勝町ゴミゼロ(ゼロ・ェイスト) 宣言》,《特集「官と民」、そして連携のあるべき姿》2019 第 9 期。

寄本勝美:《ごみとリサイクル》, 东京: 岩波書店 1990 年版。

井村秀文:《中国の環境問題——今なにが起きているのか》, 京都: 化学同人出版社 2007 年。

今泉みね子:《ドイツを変えた10 人の環境パイオニア》, 东京: 白水社 1997 年版。

金太宇:《政策の施行過程にみる廃棄物管理: 中国・瀋陽市の農村における処分場建設をめぐる紛争の現場から》,《日中社会学研究》2013 年第 21 期。

李全鹏:《科学における環境教育の挑戦——環境知識から環境智慧へ》, 日本教育实践研讨会《問い続けるわれら——生涯学習人として生きる》, 东京: 教育实践研讨会出版 2012 年版。

滝田豪:《"村民自治" の衰退と "住民組織" のゆくえ》, 黒田由彦、南裕子编:《中国における住民組織の再編と自治への模索: 地域自治の存立基盤》, 东京: 明石書店 2009 年版。

妹尾理子:《住環境リテラシーを育む—家庭科から広がる持続可能な未来のための教育》, 东京: 萌文社 2006 年。

清水修二:《廃棄物処理施設の立地と住民合意形成》,《福島大学地域创造》2002 年第 1 期。

日本环境省:《日本の廃棄物処理の歴史と現状》, 川崎市: 一般財団法人日本環境衛生センター 2014 年。

杉並清掃工場:《杉並清掃工場環境報告書 2011 (Report)》,東京二十三区清掃一部事務組合,2011 年。

盛山和夫、海野道郎:《秩序問題と社会的ジレンマ》,东京:ハーベスト社 1991 年版。

寺西俊一:《東アジア環境情報発伝所. 環境共同体としての日中韓》,东京:集英社 2006 年。

寺西俊一:《地球環境の政治経済学》,东京:东洋经济新报社 1992 年版。

田口正己:《「ごみ紛争」の展開と紛争の実態—実態調查と事例報告》,东京:本の泉社 2003 年版。

田口正己:《現代ゴミ紛争:実態と対処》,东京:新日本出版社 2002 年版。

筒井敬治:《日本におけるごみ問題とその対策》,《経済政策研究》2006 年第 2 期。

丸山英樹、太田美幸編:《ノンフォーマル教育の可能性》,东京:新評論出版社,2013 年版。

梶山正三:《戦う住民のためのごみ問題紛争事典》,东京:株式会社リサイクル文化社 1995 年版。

徐开钦、蛯江美孝、神保有亮:《中国農村地域における液状廃棄物処理の現状と課題——北京市延慶県永寧鎮新華営村の事例紹介》,《用水と廃水》2010 年第 2 期。

御代川贵久夫、关启子:《環境教育を学ぶ人のために》,京都:世界思想社,2009 年版。

Alinsky, *Rules for Radicals*, NewYork: Random house, 1971.

Beck and Beck-Gernsheim, *Individualization*, Los Angeles: Sage Publications, 2002.

Beck and Giddens and Lash, *Reflexive odernization: Politics, tradition and aesthetics in the modern social order*, Cambridge: Polity Press, 1994.

Beck, *Risk Society: Towards a New Modernity*, London: Sage, 1992.

Berger, *Invitation to Sociology*, NY: Anchor Books, 1963.

Berry, "Acculturation: living successfully in two cultures", *International Journal of International Relations*, Vol. 29, November 2000.

Biklen, *Community Organizing Theory and Practice.* Englewood Clffs, NewJersey: Prentice-Hall Inc, 1983.

Catton and Dunlap, "Environmental Sociology: A New Paradigm", *American Sociologist*, Vol. 13, February 1978.

Clarke, *Ellen Swallow: The Woman Who Founded Ecology*, Hardcove Westchester: Follett Publishing Company, 1973.

Collins, *Sociological Insight: An Introduction to Non-obvious Sociology*, Oxford: Oxford University Press, 1982.

Coulon, *Ethnomethodologie*, Paris: Presses Universitaires de France, 1987.

Diamond, *Howsociaties choose to succeed or fail.* NewYork: Viking, 2005.

Dore, *The Diploma Disease: Education, Qualification and Development*, Great Britain: Inst of Education, 1997.

Downs, "Up and Down with Ecology: The 'Issue-Attention Cycle", *Public Interest*, Vol. 28, 1972.

Du and Chen and Sun and Shang and Cao, "Analysis on Current Situation and Countermeasures of Rural Household Garbage in China", *Advanced Materials Research.* 2014 (18).

Eco Jungle, "The Most Polluting Industries in 2022", December 2021, https://ecojungle.net/post/the-most-polluting-industries-in - 2021/.

Fien, *Education for the Environment: Critical Curriculum Theorising And Environmental Education*, Sydney: UNSW Press, 1993.

Freire, *Pedagogy of the Oppressed.* NewYork: Seabury Press, 1970.

Garfinkel, *Ethnomethodology's Program: Working out Durkheim's Aphorism*, edited and introduced by A. W. Rawls, Lanham, Md. Oxford:

Rowman & Littlefield, 2002.

Garfinkel, *Studies in Ethnomethodology*, Englewood Cliffs: Prentice Hall, 1967.

Gough, "Recognising Women in Envionmental Education Pedagogy and Research: toward an ecofeminist poststructuralist perspective", *Environmental Education Research*, Vol. 5, No. 2, 2006.

Habermas, "Moral Consciousness and Communicative Action", translated by Christian Lenhardt and Shierry Weber Nicholsen, Mass: MIT Press, 1990.

Hadin, "The tragedy of the unmanaged commons", *Trends in Ecology & Evolution*, Vol. 9, 1994.

Hadin, "The Tragedy of the Commons", *Science*, Vol. 162, 1968.

Hardin, "Essays on Science and Society: Extensions of The Tragedy of the Commons", *Science*. Vol. 280, 1998.

House, *Social Structure and Personality*, In M. Rosenberg & R. H. Turner (Eds), Social Psychology: Sociological Perspectives, New York: Basic Books, 1981.

Huang and Wang and Bai and Qiu, "Domestic solid waste discharge and its determinants in rural China", *China Agricultural Economic Review*. 2013 (05).

Illich, *Deschooling Society*, Great Britain: Marion Boyars, 1999.

Kostka and Chunman, "Tightening the grip: environmental governance under Xi Jinping", *Environmental Politics*, Vol. 27, 2018.

Langer, *The Psychology of Control*, Beverly Hills: sage Publications, 1983.

Lee, *Pragmatics of Community Organization*, Ontario: Commonact Press, 1999.

Liu and Huang, "Rural domestic waste disposal: an empirical analysis in five provinces of China", *China Agricultural Economic Review*, 2014 (06): 558 –573.

Mathieu, "The Legal Theory of Jürgen Habermas", *Law and Social Theory*, UK: Hart Publishing, 2013.

Meadows and Club of Rome, *The Limits to growth: a report for the Club of Rome's Project on the Predicament of Mankind*, New York: Universe Books, 1972.

Meadows and Dennis Meadows and Jorgen Randers, *Beyond the Limits: Confronting Global Collapse, Envisioning a Sustainable Future*, London: Chelsea Green Publishing, 1993.

Melanie and Sophia and Sebastian and Mine and Jürg, "White and wonderful? Microplastics prevail in snow from the Alps to the Arctic", *Science Advances*. Vol. 5, No. 8, August 2019, https: //www. science. org/doi/10. 1126/sciadv. aax1157.

Mihai, "Waste collection in rural communities: challenges under EU regulations: A case study of Neamt County, Romania", *Journal of Material Cycles and Waste Management*, Vol. 20, 2017.

Naess, "The Shallow and The Long Range Deep Ecology Movement: A Summary", *Inquiry*, Vol. 16, 1973.

Newman, *Sociology: Exploring the Architecture of Everyday Life*, London: Sage Publications, 2017.

Odum, *Fundamentals of ecology*. Philadelphia: Saunders, 1971.

Ortega, *The Revolt of the Masses*, New York: W. W. Norton & Company, 1994.

Robertson, *Globalization: Social Theory and Global Culture*, London: Sage, 1992.

Sachs, *Planet Dialectics: Explorations in Environment and Development, London*: Zed Books, 2000.

Schutz, *The phenomenology of the social world*, Evanston: Northwestern University Press, 1972.

Senge, *The fifth discipline: the art practice of learning organization*, Bingley: MCB UP Ltd, 1997.

Smarzynsk and Shang-Jin Wei, "Pollution Havens and Foreign Direct Investment: Dirty Secret or Popular Myth?" *National Bureau of Economic Research Working Paper*. No. 8465, 2001.

Speck and Attneave, *Family Networks*, New York: Pantheon, 1973.

Sterner and Bartellings, "Household Waste Management in a Swedish Municipality: Determinants of Waste Disposal", *Recycling and Composting. Environmental and Resource Economics*, Vol. 13, June 1999.

Stone, "Should Trees Have Standing——Toward Legal Rights for Natural Objects", *Southern California Law Review*, Vol. 45, 1972.

Swanson and Richard and Kuhn and Xu, "Environmental Policy Implementation in Rural China: A Case Study of Yuhang, Zhejiang", *Environmental Management*, Vol. 27, 2001.

Swift and Tomlinson, *Conflicts of Interest and the Third World*, Toronto: Between the Lines Press, 1991.

Tilt, *The struggle for sustainability in rural China: environmental values and civil society*, New York: Columbia University Press, 2009.

UNEP and WWF and FAO and UNESCO and IUCN, *World Conservation Strategy: Living Resource Conservation for Sustainable Development*, 1980.

UNESCO. *Fourth International Conference on Adult Education: Final Report*. Paris: UNESCO, 1985.

Wang and Zhang and Shi, "Rural Solid Waste Management in China: Status, Problems and Challenges", *Sustainability*, 2017 (09).

Warren, "Observation on the State of Community Theory", In R. Warren and L. lyon (eds.), *New Perspectives on the American Community*, Skokie: Rand McNally College Pub, 1983.

Warren, "Organizing a Community Survey", In F. M. Cox et al. (eds.), *Tactics and Techniques of Community Practice*. llinois: F. E. Peacock Publishers, 1977.

White, "Motivation Reconsidered: The Concept of Competence",

Psychological Review. Vol. 66, 1959.

Whitmore and Kerans, "Participation, Empowerment and Welfare", *Canadian Review of Social Policy*, Vol. 22, 1988.

Wieder, *Language and Social Reality*: *The case of Telling the Convict Code*, Washington: University Press of America, 1988.

World Commission on Environment and Development, *Our Common Future*. Oxford: Oxford University Press, 1987.

World economic Forum, "The New Plastics Economy Rethinking the future of plastics", 2021, https://www3.weforum.org/docs/WEF_The_New_Plastics_Economy.pdf.

Zeng and Niu and Zhao, "A comprehensive overview of rural solid waste management in China", *Frontiers of Environmental Science & Engineering*, 2015 (09).

附录　农村垃圾田野调查图片

ZY 村的垃圾收集站，2017 年 6 月

ZY 村民住宅旁边，2018 年 8 月

B 村的河流，2018 年 8 月

ZY 村的村民在有垃圾堆放的池塘里洗涤餐具，2017 年 6 月

X 村清扫员焚烧垃圾，2018 年 8 月

ZY 村田地里的地膜残留和垃圾，2020 年 8 月

后　记

从20世纪后半叶开始，几乎所有学科都将环境问题纳入其中，重构了各自的学科边界，说明现代文明的环境困境已迫在眉睫。但对已然稳固的现代化生产生活方式的解构与重构极为艰难，因为现代文明的繁华喧嚣与急速变动往往让我们无暇顾及其多面像的特点，对根植于现代性本身的短板更是如此。该如何走出这样的困境？也许我们可以回到人类文明的起点来获得更多的启发。与大多数人所想象的石器、陶罐等人类文明的初期标志不同，人类学家玛格丽特·米德（Margaret Mead）给出的答案让人出乎意料。她认为，古代文化中文明的第一个迹象是股骨（大腿骨）折断，然后被治愈。大腿骨折的野生动物只能走向死亡的末路，而人的股骨断裂却又愈合了，这表明有人花了很长时间与伤者待在一起，帮助他慢慢康复——在困难中帮助别人正是人类文明的起点。

这一点应该是亘古不变的，实际上也是现代人文主义给予我们的至高价值，正所谓“人是万物的尺度”。康德曾说，人是最终目的，不是实现任何伟大目标的手段，没有任何目标可以高于人本身。其论断虽然有着浓重的人类中心主义色彩，时至今日却依然是人类社会的发展路标。因为在价值多元、分裂的时代，我们尤其要警惕工具理性的暴走，工具理性只是通往价值理性的桥梁，但我们不可能安居在这座桥梁之上。所以，当面临乡村自然环境恶化，农民环境权益被忽视，而作为当事者的他们却难以把自己的声音传递出来，非但如此，这样的境遇在宏观的社会结构中又往往被解释为这是通往美好未来的桥梁时，重新审视这一社会结构，乃至现代文明的短板，就有了更多的现实意义。这也是本研究初心，但这并不意味着去“帮助”陷于生活垃圾危机中的农民，也是我们作为局外人的自助——如孟德斯鸠所言，对一个人的不公所显示出来的制度逻辑可以用来对待所有人，无人能保自己幸免。在这方面还有许多工作要做，尤其是资源循环型社会的建构路径必定充满迂回曲折，但也有幸于我们生活在一个全球化的时代，域外的环境治理经验可以给我们提供更多的他山之石的参考价值。因此，无论是中国农村环境治理，还是国外的垃圾对策，本书的出版只是一个阶段的结束。以此为新的起点，持续地深入探讨是对曾给予我帮助的各位老师和同学的最佳答谢方式。

本书在调研和撰写过程中曾遭遇到很多困难，但承蒙田毅鹏教授（吉林大学）、崔月琴教授（吉林大学）、叶敬忠教授（中国农业大学）、马赫老师（吉林大学）在关键时刻给予了大力支持和指导，使我受益匪浅，在此深表谢意。同时感谢调研团队成员的全力付出使得本研究能够顺利推进，他们是孟祥丹老师（吉林大学）、丁宝寅老师（吉林农业大学）、唐萧萧老师（长春职业技术学院）、温轩同学（德国柏林自由大学博士研究生）、太田美幸老师（日本一橋大学）。并感谢吉林大学硕士研究生李冬月同学、肖琳同学、温珊珊同学，和北海道大学博士研究生张泽夫同学、名古屋大学博士研究生江世君同学对本研究的贡献。特别感谢在我求学生涯中，授业恩师関啓子先生（日本一橋大学名誉教授）、御代川喜久夫先生（日本一橋大学名誉教授）、嶋崎隆先生（日本一橋大学名誉教授）和亦师亦友的朱浩东先生（日本玉川大学教授）给予的悉心教诲和细致关怀。

本书第二部分的实证研究是基于此前公开发表的论文而展开的进一步探讨。主要有：《中国农村生活垃圾问题的生成机制与治理研究》（《中国农业大学学报》社会科学版2017年第2期）、《农村生活垃圾问题的多重结构：基于环境社会学两大范式的解析》（《学习与探索》2020年第2期）、《学习型村落的建构路径：基于农民环境学习现状的考察》（2021年吉林省社会学年会论文）。

在本书出版之际，感谢吉林大学哲学社会学院的鼎力支持。感谢中国社会科学出版社和编辑朱华彬老师为本书出版付出的辛苦劳动。

可以说本书凝结了上述诸位老师和同学的心血，不胜感激。也恳请专家学者和读者不吝赐教，以便践行“毋意，毋必，毋固，毋我”的古训。

李全鹏

2022 年于吉林大学